Transition énergétique
ET
Changement climatique

de **Kurt Olzog**

Transition énergétique
ET
Changement climatique

Développements
et
Perspectives d'Avenir

Auteur: Kurt Olzog

Durant ses études de mathématiques et de géographie pour la certification professorale, l'auteur s'était occupé intensément par de maints sujets et en particulier, celui du développement de l'économie énergétique en rédigeant ses premières conclusions dans ce domaine.

Pendant les années où il enseignait comme professeur principal dans les écoles supérieures privées, en tant que maître de conférence dans le secteur privé ainsi que ses tâches de management, ou encore comme conseiller en gestion et administrations d'entreprises, il avait suivi le développement de l'économie énergétique publié dans les journaux, les hebdomadaires et les médias publics correspondants.

Au fil des décennies, les signes des premières conséquences négatives de l'utilisation intensive des matières premières issues de l'énergie fossile : le Charbon, le Pétrole brut et le Gaz naturel commencent à se faire sentir. Les effets sur le climat commencent à apparaître.

Une fois les consultations intensives achevées, l'auteur s'est pleinement consacré au sujet de l'économie énergétique en comparant les différents développements de la production d'énergie à partir des matières premières fossiles, y compris l'Uranium, et les énergies renouvelables devenues de plus en plus importantes.

Par comparaison des deux sources, le rapport entre le changement climatique pendant ces cent dernières années et la nature de la consommation d'énergie par les humains est impressionnant.

Information bibliographique de la Bibliothèque Nationale Allemande :

La Bibliothèque Nationale Allemande enregistre cette publication dans la biographie nationale allemande. Les références bibliographiques détaillées sont disponibles sur le site Internet : www.dnb.de.

TWENTYSIX – La publication et l'auto-publication.

Une coopération entre Verlagsgruppe Random House et BoD – Books on Demand

© 2016 Kurt Olzog

Édité et publié par :

BoD – Books on Demand, Norderstedt

Deutsche Ausgabe:

ISBN: 9783740710057

Édition Français:

ISBN: 9783740730826

Table des Matières

1. Développement de l'Économie Énergétique.   P.   6
2. Développement de l'Économie Nucléaire.   P. 28
3. Développement des Sources d'Énergies Renouvelables. P. 43
4. Le développement du climat au cours du dernier siècle. P. 52
5. Perspectives d'avenir.   P. 67
6. La Conférence sur le climat, à Paris 2015.   P. 100
Liste de références bibliographiques.   P. 111

1. Développement de l'Économie Énergétique.

Les sources d'énergie fossiles ont été de plus en plus utilisées pour le chauffage, l'électricité et pour le transport depuis la révolution industrielle. En particulier, le pétrole, développé au siècle dernier devenant la plus importante source d'énergie dans l'économie mondiale. Ainsi, sa part de consommation au sein de l'énergie mondiale en 1976 était près de 45%, tandis que tous les combustibles solides ensemble (charbon, lignite ou encore la tourbe... etc.) en représentaient que 30% des sources naturelles et le gaz naturel ne dépasse même pas les 18%.[1]

Lorsque le pétrole commence à faire son apparition dans l'industrie dès la seconde moitié du 19ème siècle (aux États-Unis et en Russie, l'industrie pétrolière est née presque en même temps), la demande de cette matière première, polyvalente et peu coûteuse a toujours augmenté de façon croissante.
Particulièrement en Amérique du Nord où le pétrole, de plus en plus consommé, fait croître rapidement la demande et donne naissance à une industrie pétrolière en pleine expansion.
L'apparition et le boom de la voiture après 1911, comme étant le moyen de transport de monsieur tout le monde, a amené les compagnies pétrolières à développer leur marché qui est entré en constante expansion, de sorte que l'exploration pétrolière a commencé à s'étendre sur toute la planète pendant les années vingt et trente du XXème siècle.

---

1 The British Petroleum Company Ltd., 1976, p. 16.

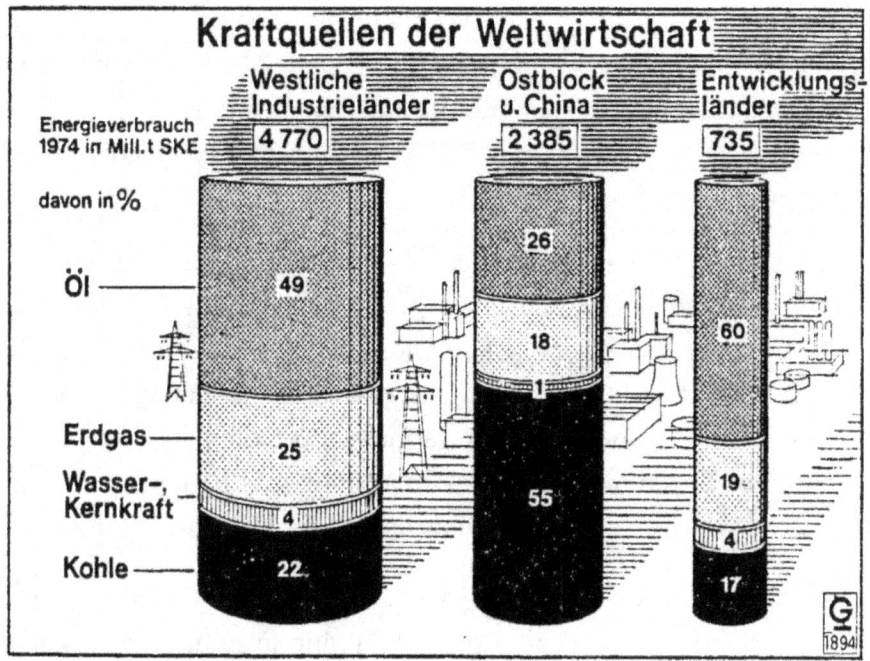

Adapté de: EVERS 1976, p. 106

En Iran, en Irak, au Venezuela et en Indonésie le pétrole a été promu rapidement et son exploration est devenu de plus en plus intense. Cependant, les États-Unis reste entre les deux guerres mondiales comme le pays du pétrole par excellence puisque, d'une part, il avait des réserves de pétrole importantes et d'autre part à cause de son importante consommation ainsi qu'une puissante industrie pétrolière .

Peu de temps avant le déclenchement de la Seconde Guerre mondiale, le Koweït et l' Arabie saoudite ont également pu commencer l'exploitation des gisements énormes découverts surplace.

Les activités prometteuses des compagnies pétrolières au Moyen-Orient ont été interrompues par la Seconde Guerre mondiale. En revanche, les champs de pétrole américains ont été exploités de telle sorte que les exportations de pétrole américaines ont dû être ajustées progressivement.

Après la guerre, la production du pétrole au Moyen-Orient a connu un nouvel élan, d'autant plus que l'Amérique du Nord était en train de devenir une zone déficitaire. Ainsi, non seulement la consommation du pétrole en Europe occidentale était en forte augmentation, mais les importations du pétrole des pays producteurs comme les États-Unis l'était aussi. Tous ont donc été couverts par le pétrole du Venezuela et du Moyen-Orient.

Dans une succession rapide, d'énormes réserves de pétrole ont été découvertes au Moyen-Orient, à tel point qu'au milieu des années 1950, la proportion des réserves de pétrole au Moyen-Orient par rapport à l'ensemble des réserves de pétrole découvertes dans le monde entier est passé à plus de soixante pour cent.

Les avancées des compagnies pétrolières américaines et britanniques ont permis de développer des méthodes de pointe de telle sorte qu'ils aient contribué à la crise iranienne (1951-1954).

Les tentatives infructueuses d'émancipation de l'Iran auraient au préalablement intimidé les autres pays producteurs de pétrole, mais les influences soviétiques dans la région arabe augmentent de plus en plus, concurrençant ainsi le pouvoir des pays industrialisés et les compagnies pétrolières multinationales qui travaillent pour eux (il suffit de penser à l'Égypte dans les années 1950).

La crise de Suez causée par Jamal Abdel Nasser en 1956 témoigne du changement progressif de l'ancien pouvoir colonial de l'Angleterre et de la France qui perdait évidemment de son influence au Moyen-Orient et en Afrique du Nord.

Pendant ce temps, les pays producteurs de pétrole se sont rendu compte que la défense de leurs intérêts les rendent moins forts face à l'arbitraire des pays industriels et leurs compagnies pétrolières malgré quelques tentatives de résistance isolées.

À ce moment là, ils ont découvert qu'ils étaient moins vulnérables à cet arbitraire grâce à une défense commune. Ainsi, l'OPEP (Organisation des Pays Exportateurs de Pétrole) a finalement vu le jour en 1960.

Les pays producteurs ont d'abord utilisé ce nouvel outil pour se faire respecter et en tirer des revenus stables des compagnies pétrolières. Plus tard, immédiatement après la Guerre des Six Jours contre Israël en 1967, ils ont testé leur premier embargo pétrolier contre les États-Unis, le Royaume-Uni et la République Fédéral d'Allemagne. Cependant, malgré une durée de trois mois, cet embargo avait peu d'effet : en premier lieu, à cause des politiques dans les pays concernés qui prévoyaient suffisamment de stocke de réserves, ce qui signifie que l'embargo pourrait être accablant pour un certain temps. Mais la deuxième raison, c'est la demande d'augmentation du double de la production vénézuélienne et iranienne.[2] Résultat : cet événement a été vu comme un phénomène périphérique à la guerre, organisé par des arabes impuissants du Moyen-Orient.

Par-dessus tout, cela a conduit à l'abandon de la politique de

---

2 Lieser, 1975, p. 30s.

stockage car on a supposé que les pays producteurs n'auraient pas utilisé plus longtemps la méthode de l'embargo en raison de son inefficacité et les inconvénients qu'elle a causés aux pays producteurs de pétrole eux-mêmes.

Au début des années 1970, l'OPEP a soudainement commencé à attirer l'attention : les prix du pétrole ont augmenté à répétition et de façon régulière, ce qui provoquait à chaque fois une vague d'indignation dans les sphères publiques des pays industriels occidentaux à chaque fois. Ce rebondissement a atteint son apogée après le déclenchement de la quatrième guerre au Moyen-Orient, celle de la fête juive de Yom Kippour, le 06 octobre 1973, pendant laquelle l'Égypte a reconquis une grande partie de ses territoires perdus au Sinaï durant la guerre des Six jours, y compris les grands champs de pétrole.[3]

Même lorsque l'ancienne Union Soviétique a découvert de vastes gisements de pétrole en Sibérie occidentale au début des années 1970, la part du Moyen-Orient n'a pas été en dessous de 50% et ensuite a augmenté encore légèrement peu de temps après. À ce jour, le Moyen-Orient est la plus importante zone productrice de pétrole, ce qui se reflète également dans l'étendue de la production. L'embargo pétrolier a de nouveau été utilisé comme une arme de pression et a provoqué cette fois-ci une panique majeure parmi les pays importateurs, en particulier aux États-Unis, au Japon et en Europe de l'Ouest, où la consommation de pétrole était passée de 1,5 milliard de tonnes en 1967 à plus de 2,3 milliards en 1973.[4]

---

[3] Oktoberkrieg und Truppenentflechtung (La guerre d'octobre et le désengagement des troupes), Spiegel N° 32, 1978, p. 201.
[4] The British Petroleum Company Ltd. (BP), 1976, p. 20.

Les pays producteurs sont allés plus loin : afin de freiner la production de 12%, lors d'une succession de conférences tenues rapidement, pendant une période de trois mois, ils se sont mis d'accord pour augmenter progressivement le prix du pétrole de 400 %.[5]

L'opinion publique dans les pays occidentaux industrialisés était particulièrement choquée, jusqu'au bouleversement des situations politiques, économiques, et provoquant une baisse de la croissance économique dans ces pays : « Les instruments commerciaux et la balance des paiements tombent en plein désarroi, les taux d'inflation augmentent, le chômage se développe et se répand, le P.I.B, Produit Intérieur Brut des pays occidentaux industrialisés ne présentent qu'une croissance minimale et chaque fois que la menace de la guerre au Moyen-Orient devient réelle encore, les voix larmoyantes des politiciens, des médias publics et des citoyens concernés en tant que susceptibles consommateurs d'énergie sont élevés .»[6]

Alors que les efforts de paix étaient en cours au Moyen-Orient, les pays occidentaux industrialisés faisaient de plus en plus d'efforts pour analyser la crise pétrolière, appelée finalement la Crise de l'Énergie, ses causes et ses conséquences, afin d'être le mieux capable de faire face à des événements similaires à l'avenir. Ainsi, l'Agence Internationale de l'Énergie (AIE), une sous-organisation de l'OCDE, a été mise en place.

Cette AIE devait être un instrument de protection pour les pays adhérents contre les inconvénients émanant de l'OPEP, mais elle doit aussi rechercher, continuer à développer un dialogue avec les

---
5 Lieser, 1975, p. 21.
6 Ibid.

pays producteurs de pétrole et enfin, trouver des sources d'énergies alternatives d'une manière plus ciblée qu'auparavant pour atteindre une plus grande indépendance de l'OPEP.

La crise du pétrole et la forte augmentation de ses prix ont permis d'intensifier l'attention portée aux pays en voie de développement, pauvres en matières premières, qui avaient eu des difficultés significatives de paiement , de sorte que leurs prêts sont montés en flèche, leur laissant parfois, à peine payer leurs intérêts.

Ainsi, l'OPEP et l'AIE ont essayé, par tous les moyens disponibles, d'aider ces pays déjà vulnérables, ayant été sérieusement touchés par l'évolution négative de l'économie mondiale et par leur propre passivité, ainsi que la famine de masse.

Les intérêts énergétiques et économiques des membres les plus importants de l'AIE ont toujours considérablement varié. Le Japon devait importer tout le pétrole qu'il consomme, représentant plus de 74% de sa consommation annuelle d'énergie en 1974.

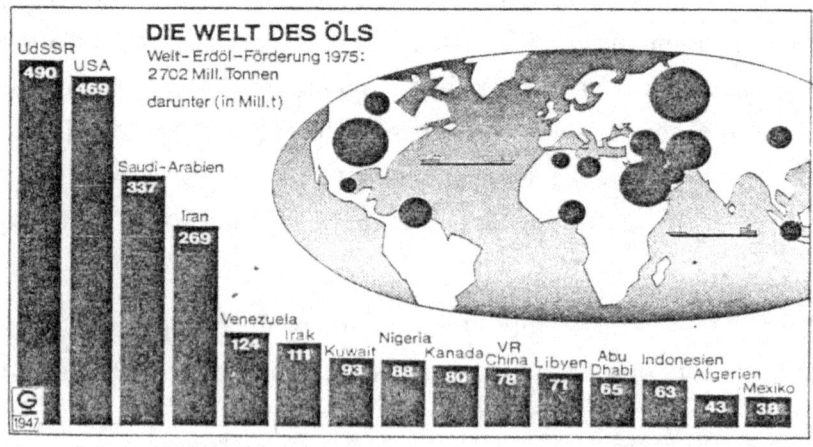

emprunté à : FERNAU 1976, p. 94

L'opinion publique japonaise avait de sérieuses réserves quant au développement de l'énergie nucléaire à ce moment-là. L'économie américaine, traditionnellement légèrement dépendante des importations, n'était et n'est toujours pas aussi dépendante des marchés étrangers que l'économie en Europe occidentale ou au japon. Cependant, dans le contexte politique générale, les États-Unis, en tant que puissance leader du monde occidental, est particulièrement sensible aux interactions entre les problèmes économiques et la liberté d'agir à l'égard des politiques étrangères. Par conséquent, les intérêts non seulement économiques, mais encore politiques, plus généralement, motivent les États-Unis à coopérer avec l'Agence Internationale de l'Énergie.

L'attitude de l'Europe occidentale envers l'AIE était tout à fait différente. À la fin des années 1960, des réserves considérables de pétrole sont découvertes dans la mer du Nord, au large des côtes britanniques et norvégiennes. De plus, le Royaume-Uni et la République fédérale d'Allemagne ont des gisements de charbon considérables. En outre, les Pays-Bas et, dans une certaine mesure, le Royaume-Uni possèdent des gisements de gaz naturel, qui couvriraient près de la moitié de la consommation de l'énergie primaire des Pays-Bas. Contrairement à cela, la France et l'Italie sont très pauvres en sources provenant des sources d'énergie primaires et doivent couvrir une part significative de leur consommation d'énergie primaire par les importations.

Le rôle des compagnies pétrolières et gazières a considérablement changé depuis la crise du pétrole. « Les compagnies pétrolières ne possèdent plus l'Huile brute extraite dans les pays de l'OPEP. D'une part, elles sont devenues des acheteurs de pétrole brut pouvant contractualiser certaines options d'achats sécurisés, à long terme. D'autre part, elles sont devenues des fournisseurs de services - à nouveau sur une base contractuelle - en effectuant des activités de production et d'exploration de pétrole brut pour les pays pétroliers ».[7] Ainsi, le fait que ces compagnies pétrolières contrôle le prix imposé aux acheteurs par l'OPEP devient simplement une nécessité.

Les tâches impliquées dans l'exploration et l'exploitation de nouveaux champs pétroliers, devenues de plus en plus coûteuses et nécessitant des technologies encore plus complexes, ont exigé d'énormes capitaux d'investissement, de telle sorte que les grosses compagnies ont agi avec plus de détermination pendant la crise, même si elles ont contribué un peu à la hausse des prix. Ce n'était pas la première alternative discutée autour des sources d'énergie, et pas seulement l'énergie nucléaire, qui avait parfois causé un malaise avant même la crise du pétrole. L'épuisement prévu des réserves de pétrole (à un taux de production constant de trois milliards de tonnes par an pour l'huile découverte jusqu'ici, cela durerait encore 30 ans), impose huit méthodes alternatives forcées pour la production d'énergie à reconsidérer.[8]

L'utilisation plus efficace de l'énergie devait être assurée. Le gaspillage important d'énergie en Amérique du Nord, qui a toujours été la norme, n'a plus présenté de modèle pour la politique énergétique de l'Europe occidentale. Cependant, l'efficacité de l'utilisation de l'énergie était également trop faible jusqu'ici. Cette efficacité devait donc être augmentée. Avec l'aide des sources d'énergie alternatives et une consommation énergétique plus efficace de l'énergie, l'économie mondiale a

---

7 Burchard 1076, p. 124.
8 BP 1976, p. 4, 20.

réussi à réduire la consommation du pétrole au cours de la période 1975-1985. La diminution de la production est donc liée à la restructuration soutenue de la production mondiale du pétrole.

En Europe occidentale, en Amérique du Nord et en Afrique, la production a augmenté, tandis qu'au Moyen-Orient elle a été considérablement réduite, principalement pour maintenir le prix stable. La production est passée ici de près de 970 millions de tonnes à environ 506 millions de tonnes.[9]

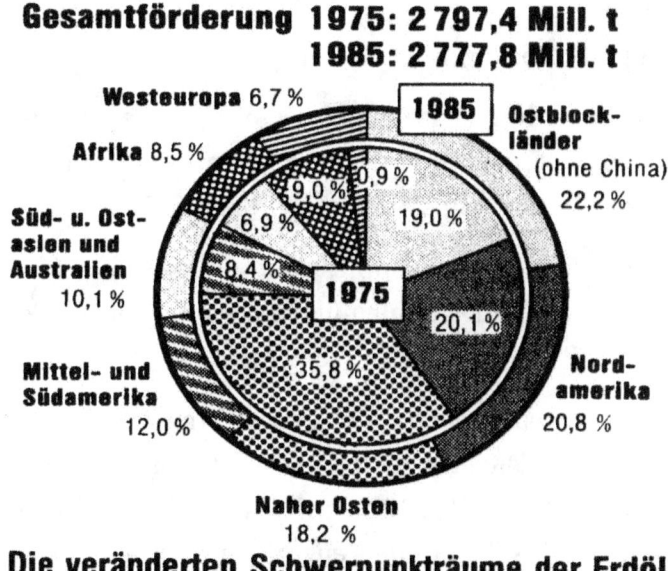

Die veränderten Schwerpunkträume der Erdölförderung 1975–1985

« La part des pays de l'OPEP [...] dans la production mondiale du pétrole s'est réduite à 29% seulement en 1985 (contre 54% en 1973). Cela correspondait à moins de la moitié de la capacité de production de ces pays qui devaient stabiliser le prix en

---

9   Der Fischer Weltalmanach 1987, p. 861s, avec l'illustration.

empêchant une surproduction excessive.» Le marché du pétrole était devenu un marché d'acheteurs avec excédents d'approvisionnement.[10]

« La consommation mondiale d'énergie primaire a augmenté de 34,5% par rapport aux années 1970-1980 et de 21,7% entre 1980 et 1990. Un ralentissement de l'augmentation s'est poursuivie dans les années 90. La consommation augmentait chaque année d'environ 1% ,donc nettement inférieure à la croissance économique mondiale et à la croissance démographique. La principale source d'énergie reste, et de loin en termes globaux, l'huile(1993: 36,8%). »[11]

La consommation de gaz a augmenté depuis les années 70 beaucoup plus que l'augmentation globale de la consommation d'énergie. Sa part est passée de 19,5% en 1970 à 24,0% en 1993.

La proportion de combustibles solides dans le charbon et le lignite de bois (la deuxième plus importante source d'énergie) est passée de 32,9% en 1970 à 28,9% en 1993.

« Les taux de croissance les plus élevés ont été observés dans l'utilisation de l'énergie nucléaire, surtout jusqu'au milieu des années 80 (1970: 0,1%; 1980: 1,2% 1985 5,5% 1990: 6,8%). Ces dernières années, la part de l'énergie nucléaire a stagné à 7,2%. »[12]

---

10 Ibid p. 863.
11 Der Fischer Weltalmanach 1997, p. 1052.
12 Ibid p. 1053s avec le tableau.

L'utilisation des soureces d'énergie pour la consommation énergétique globale 1970-1992 (L'énergie commerciale uniquement) voir "Le Livre annual des statistiques de l'energie mondiale", ONU, (Milliards de tonnes d'équivalent charbon, Mrd. t SKE, Steinkohleeinheiten)

	1970		1980		1990		1992		1993	
	Mrd.t SKE	%	Mrd.t SKE	%	Mrd.t SKE	%	Mrd.t SKE	%	Mrd.t SKE	%
Erdöl	3,009	45,3	3,835	44,6	4,011	36,9	4,028	36,7	4,074	36,8
Kohle	2,184	32,9	2,623	30,5	3,239	29,8	3,226	29,4	3,207	28,9
Erdgas und Stadtgas	1,293	19,5	1,836	21,4	2,563	23,6	2,596	23,7	2,659	24,0
Kernenergie	0,010	0,1	0,101	1,2	0,738	6,8	0,792	7,2	0,806	7,2
Wasserkraft, Sonstige	0,145	2,2	0,198	2,3	0,314	2,9	0,319	3,0	0,339	3,1
Insgesamt	6,641	100,0	8,593	100,0	10,865	100,0	10,961	100,0	11,085	100,0

Le tableau ci-dessus montre l'utilisation mondiale des sources d'énergie les plus importantes et leurs changements de consommation jusqu' en 1993. De tels calculs peuvent différer considérablement les uns des autres dans une variété de sources, en fonction du mode de calculs et l'étendue de la participation des sources non commerciales d'énergie (par exemple, le transport animalier ou encore l'utilisation du bois de chauffage à usage privé et l'énergie éolienne, hydraulique, ou solaire... etc.)

Au cours des dix années suivantes, la consommation a encore augmenté d'environ 11%, dans laquelle la part du pétrole a diminué de 34,3% en 2002, en raison de l'augmentation de la part du gaz naturel. Celui-ci, avec le gaz urbain étaient égale au charbon (houille et lignite) en termes d'importance, représentant un peu plus de 27% du total de la consommation.[13]

Utilisation des sources d'énergie pour la consommation mondiale d'énergie
(L'énergie commerciale uniquement)

	1970		1980		1990		2000		2002	
	Mrd. t SKE	%	Mrd. t SKE	%	Mrd. t SKE	%	Mrd. t SKE	%	Mrd. t SKE	%
Erdöl	3,009	45,3	3,835	44,6	4,011	36,9	4,311	35,3	4,361	34,3
Kohle (Stein- und Braunkohle)	2,184	32,9	2,623	30,5	3,239	29,8	3,217	26,4	3,496	27,5
Erdgas und Stadtgas	1,293	19,5	1,836	21,4	2,563	23,6	3,319	27,2	3,459	27,2
Kernenergie	0,010	0,1	0,101	1,2	0,738	6,8	0,947	7,8	0,981	7,8
Wasserkraft, Windkraft, Sonstige	0,145	2,2	0,198	2,3	0,314	2,9	0,404	3,3	0,401	3,3
Verbrauch Insgesamt	6,641	100,0	8,593	100,0	10,865	100,0	12,198	100,0	12,698	100,0

Source: Annuaire des statistiques internationales de l'énergie, UN

---

13 Der Fischer Weltalmanach 2007, p. 672s avec le tableau.

La consommation totale s'était également accrue par la croissance rapide de la consommation chinoise car, en attendant, la Chine est devenue le deuxième consommateur d'énergie après les États-Unis.[14]

Les plus gros consommateurs d'énergie
en millions de tonnes d'équivalent charbon

	2002	2001	2000	1990
USA	3177,8	3117,9	3167,2	2 686,9
VR China	1271,1	1096,4	1009,1	893,4
Russland	856,9	860,2	851,4	–
Japan	677,6	674,3	672,1	564,2
Indien	473,6	456,1	455,1	269,2
Deutschland	457,9	468,7	455,8	501,3
Kanada	352,8	348,3	354,2	291,9
Frankreich	348,8	345,9	333,2	294,7
Großbritannien	318,1	329,3	331,9	307,4
Italien	252,8	250,7	247,5	223,7
Rep. Korea	238,4	227,6	221,7	119,1
Südafrika	198,9	190,3	190,8	115,2
Mexiko	196,4	195,1	196,7	157,8
Ukraine	190,9	208,1	204,2	–
Brasilien	181,6	180,5	177,4	116,9
Spanien	165,9	158,4	156,5	80,8
Australien	160,9	166,3	157,3	127,1
Polen	120,3	123,9	122,5	96,0
u. a. Österreich	37,3	38,0	35,8	31,9
Schweiz	34,0	35	32,9	31,9

Source: UN (Nations Unis)

---

14 Ibid, p. 673, avec le tableau.

L'Inde consomme plus d'énergie maintenant que Allemagne par exemple.

Au cours de cette période, des différends entre l'Irak et le Koweït éclatent autour de la production du pétrole dans la zone frontalière commune. Le 02/08/1990, l'Irak envahit le Koweït et le déclare 19ème province irakienne. Suite aux sanctions et des résolutions de l'ONU, la seconde Guerre du Golfe a lieu le 17/01/1991,[15] ce qui a entraîné le retrait de l'Irak du Koweït mais laissant derrière lui les champs de pétrole en feu. Cependant, l'énergie et l'économie mondiales étaient à peine affectées par cela.

Dix ans plus tard, le 11/09/2001, les deux tours jumelles du Centre Mondial du Commerce à New York et le Pentagone ont subi des attaques terroristes et sont détruits ou endommagés. L'Irak refuse de condamner ces attaques. Cela conduit à une nouvelle guerre en Irak le 20/03/2003 en raison de l'intervention des États-Unis et du Royaume-Uni, cette fois sans mandat de l'ONU.[16] Toutefois, cela avait encore peu d'effet sur l'économie mondiale de l'énergie.

Les sources d'énergie renouvelables telles que l'énergie hydroélectrique, l'énergie solaire, l'énergie éolienne et l'énergie de biomasse n'ont toujours pas joué un rôle important à ce stade, bien qu'il ait été démontré, pendant ce temps, que le dioxyde de carbone, en tant que gaz à effet de serre, a été le principal responsable du réchauffement climatique à cause de ses quantités émises.

---

15 DIE ZEIT: Das Lexikon in 20 Bänden (The Lexique en 20 Volumes), Hamburg 2005, Volume 07, p. 134.
16 Ibid, p. 135.

L'hydrogène, en tant que source d'énergie, n'était disponible qu'à faible quantité et a été généré à l'aide de sources d'énergie fossiles plutôt que des sources d'énergie renouvelables telles que l'énergie solaire ou éolienne.

Les premières mesures provisoires ont été prises une décennie plus tard. Une tentative de convaincre les pays arabes ensoleillés qu'ils pourraient investir dans la préparation de l'ère post-pétrole. Une suggestion hilarante selon laquelle on leur accorderait une aide parce que l'huile précieuse perdrait progressivement sa valeur car elle ne serait plus utilisée à long terme. Le concept DESERTEC, lancé par des entreprises bien connues sans ce domaine, ont perdu une grande partie de leur pouvoir persuasif à cause de cela.[17]

Dès 1972, un rapport du Club de Rome[18] a été reconnu sous le titre "Les limites de la croissance", publié par D. Meadows et al,[19] où le principe des ressources limitées sur notre planète est décrit de manière convaincante. En attendant, les prix des combustibles fossiles ont tellement augmenté qu'il a valu la peine d'exploiter les sables bitumineux et les schistes trouvés en Amérique du Nord.

---

17 Plus sur le sujet plus tard.
18 Club de Rome, initié en 1968 par Aurelio Peccei (1908-1984), une association informelle des scientifiques, des politiciens et des chefs d'entreprises de nombreux pays.
19 D. Meadows et d'autres, 1972.

La production de **pétrole** en millions de tonnes.

	2008	2012	2013
Saudi-Arabien	509,9	549,8	542,3
Russland	493,7	526,2	531,4
USA	302,3	394,1	446,2
VR China	190,4	207,5	208,1
Kanada	152,9	182,6	193,0
Iran	214,5	177,1	166,1
Ver. Arab. Emirate	141,4	154,7	165,7
Irak	119,3	152,5	153,2
Kuwait	136,1	153,7	151,3
Mexiko	156,9	143,9	141,8
Venezuela	165,6	136,6	135,1
Nigeria	102,8	116,2	111,3
Brasilien	98,8	112,2	109,9
Angola	93,1	86,9	87,4
Katar	65,0	83,3	84,2
OPEC	1 746,0	1 776,3	1 740,1
Weltförderung	3 993,2	4 119,8	4 132,9

Source: BP 2014

Les gisements de pétrole et de gaz exploités sur les fonds marins les plus profonds valaient également la peine d'être exploités. Le fracking chimique récemment appliqué, les procédures de la production de gaz et de pétrole à plus grande profondeur ont même permis aux États-Unis de devenir beaucoup moins dépendants des importations de gaz.[20]

---

20 Springer, Michael: Wird Fracking den Energiehunger stillen? (Fracking atténuera-il la soif d'énergie?) En: Spektrum der Wissenschaft 8/14, p. 20.

« Les réserves sûres et récupérables de pétrole brut sont restées constantes en 2013 par rapport à l'année précédente et, selon BP, ont atteint 1687,9 milliards de barils. Les prévisions de pétrole brut est donc de 53,3 ans; d'une part, en Europe (y compris la Russie et la CEI, Confédération des États Indépendants) de 23,4 ans, et d'autre part au Moyen-Orient, la fourchette est de 78,1 ans. 72% des réserves sont comptabilisées dans les pays de l'OPEP, dont environ les trois quarts au Moyen-Orient. Les pays de l'OCDE ne compte par ailleurs que 15% seulement.

Ces chiffres soulignent l'importance de l'OPEP et en particulier la région du Golfe pour l'approvisionnement futur en pétrole brut. Comme l'année précédente, le Venezuela était en 2013 le pays le plus riche en réserves de pétrole dans le monde avec 18% de toutes les réserves connues. L'Arabie saoudite représentait16%, le Canada 10%, l'Iran et l'Irak, respectivement 9% chacun et le Koweït 6%. Les réserves de pétrole non conventionnelles, comme le pétrole lourd au Venezuela, les sables bitumineux au Canada et en Russie, les schistes bitumineux aux États-Unis et au Canada auront à l'avenir un rôle plus important dans l'approvisionnement en énergie. Les prix du pétrole brut ont augmenté dans la période 2002 à 2008 dans une mesure qu'il n'était pas jugée impossible.

Le prix du pétrole brut atteint son maximum le 07/11/2008 à 147,50 US$/baril du Brent de la mer du Nord. Ainsi, l'Huile brut était cinq fois plus chère qu'en 2002. Au milieu de l'année 2008, la crise économique et financière mondiale a fait chuter le prix du pétrole en Décembre 2008 à environ 38 US$/baril. Début de 2009, les prix ont augmenté de manière significative, rebondissant à nouveau jusqu'à100 US $/baril, début de 2011 et y sont restés autour depuis. Les prix de brut du Brent s'échangeaient de 2011 à

2012, à environ 111 US$/baril et ont montré une légère tendance à la baisse en 2013 à 108,66 US$/baril. »[21].

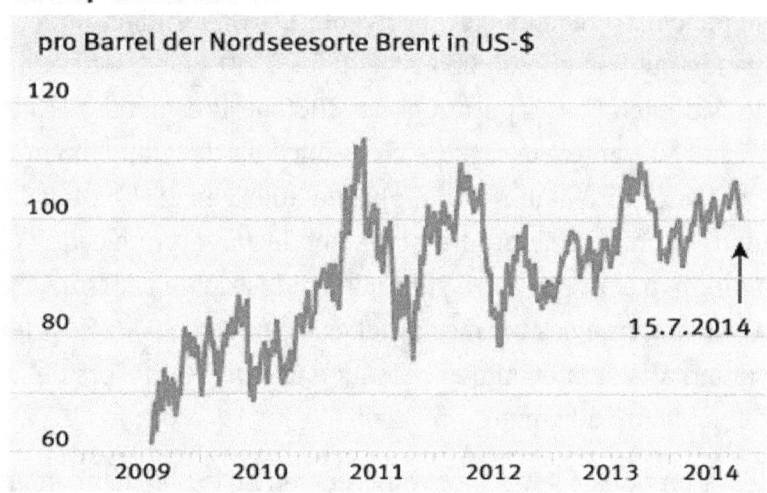

Source: finanzen.net 2014

Le problème du prix concernant les combustibles fossiles a entraîné des efforts accrus dans le développement de l'énergie nucléaire. L'uranium ne doit pas être très enrichi pour un usage pacifique dans les centrales nucléaires (jusqu'à 4% d'U235 fissile dans un mélange avec U238). Normalement, l'uranium extrait est de 99,3% U238. Dans les centrifugeuses à gaz, la proportion d'U238 est réduite, de sorte que le mélange d'uranium peut être utilisé pour la réaction en chaîne souhaitée dans un réacteur. Dans le réacteur, plusieurs atomes U238 captent des neutrons lents, de sorte qu'une certaine proportion de plutonium Pu239 se produit, ce qui peut être utilisé pour la réaction en chaîne.[22]

---

21 Der neue Fischer Weltalmanach 2015, p. 662, avec le tableau p.22 et graphique.
22 Lexikon der Physik, 2000. Spektrum Akademischer Verlag GmbH Heidelberg, tome 5, p. 348s, tome 4, p. 294s.

La possible "multiplication" du Pu239 à partir de U238 dans les réacteurs, dit « éleveurs » était l'une des raisons de croire que l'uranium, comme combustible nucléaire pourrait encore être utilisé pendant plusieurs siècles à venir. Dans la traduction allemande publiée en 2003 dans "Global 2000 - Der Bericht an den Präsidenten (Le Rapport Global 2000 au Président)",[23] à la page 72 et suivantes, le taux de croissance du développement de l'énergie nucléaire était prévu à plus de 200% en 1990. Mais la population mondiale a progressivement découvert que cette technologie n'était pas aussi sûre que l'industrie de l'énergie, en raison de nombreuses lacunes proches et super GSA (GSA - le plus grand accident éventuel; passant à la super GSA lors de la fusion nucléaire au cœur du réacteur).

A l'heure où nous écrivons cet ouvrage, en 2015, le changement climatique susmentionné apporte non seulement un réchauffement climatique global mesurable mais aussi tangible. Comme expliqué en détail ci-dessous, l'utilisation sans restriction des combustibles fossiles tels que l'huile, le charbon et le gaz naturel entraîne une augmentation significative du dioxyde de carbone dans l'atmosphère terrestre. Cela crée un effet de serre dans toute la planète et fait fondre les glaciers, la nappe de glace peut reculer au pôle Nord et devenir plus mince dans certaines parties du pôle Sud, du Groenland et de l'Alaska. Il en résulte une augmentation progressive du niveau de l'océan, de sorte que les petites îles du Pacifique doivent déjà être évacuées. Cela permet aux États qui peuvent se permettre d'introduire une utilisation énergétique plus efficace et de promouvoir l'utilisation de sources d'énergie

---

[23] Département d'Etat américain i. s. Le Rapport mondial 2000 au Président, Washington 1980.

alternatives telles que le photovoltaïque et l'énergie éolienne. Avec l'utilisation de la technologie de fracking précitée et de l'utilisation des sables bitumineux en Amérique du Nord, l'excès d'huile qui en résulte se reflète dans les 23 prix du pétrole américain.

Le journal hebdomadaire « Die Zeit » a publié un article sur la compagnie pétrolière Petrobras au Brésil, où cette question a été abordée le 8 Janvier 2015.[24] Après cela, le prix du pétrole a diminué de moitié en six mois.

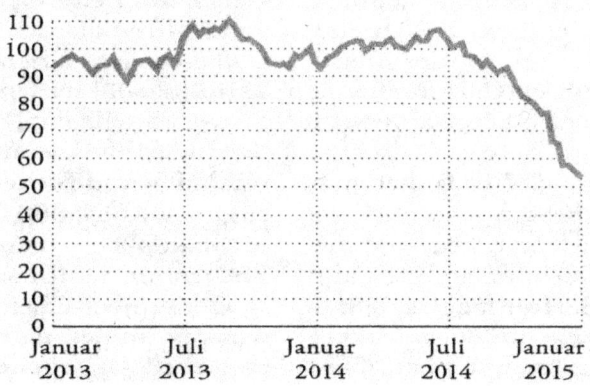

Graphique **ZEIT**/Source: Onvista

Parce que, d'une part, l'apparition de combustibles fossiles est essentiellement limitée et, d'autre part, le climat mondial nous désavantage par leur utilisation, la question qui se pose

---

24 Thomas Fischermann: Es läuft wie schlecht geschmiert (FIl est aussi mauvais lubrifiée) En: DIE ZEIT N° 2 2015, p. 25, avec graphique.

aujourd'hui est de savoir si la production d'énergie peut être développée en fonction d'une combinaison de l'énergie renouvelable et neutre pour le climat: des sources telles que l'énergie photovoltaïque, l'énergie éolienne et l'augmentation de l'économie de l'hydrogène (par exemple, en tant que technologie de stockage). Les combustibles fossiles pourraient être stockés dans le sol et ne plus être extraits à nouveau que dans le cas de conditions environnementales plus favorables. Les lubrifiants et les plastiques peuvent être de plus en plus fabriqués à l'aide de matières premières renouvelables. À l'heure actuelle, la production de pétrole augmente encore, alors que la consommation stagne progressivement. Le prix du pétrole est encore faible, de sorte que la motivation à augmenter la production d'énergie renouvelable n'est pas facile.

« Les réserves sûres et récupérables de pétrole brut sont restées constantes en 2014 par rapport à l'année précédente et, selon BP, ont atteint 1700,1 milliards de barils. Les prévisions de pétrole brut est donc de 52,5 ans ; d'une part, en Europe (y compris la Russie et la CEI, Confédération des États indépendants) 24,7 ans, et d'autre part au Moyen-Orient, la fourchette est de 77,8 ans. La réévaluation des réserves au Venezuela en 2011 a entraîné une augmentation de la fourchette statique des réserves de pétrole en Amérique centrale et du Sud à plus de 100 ans, la plus haute valeur dans le monde entier. »[25]

---

25 Der neue Fischer Weltalmanach 2016, p. 661s, avec le tableau.

La production de **Pétrole** en millions de tonnes

	2009	2013	2014
Saudi-Arabien	456,7	538,4	543,4
Russland	500,8	531,0	534,1
USA	322,3	448,5	519,9
VR China	189,5	210,0	211,4
Kanada	152,8	194,4	209,8
Iran	205,5	165,8	169,2
Ver. Arab. Emirate	126,2	165,7	167,3
Irak	119,9	153,2	160,3
Kuwait	121,2	151,5	150,8
Venezuela	155,7	137,9	139,5
EU	99,8	68,5	67,0
OPEC	1 622,6	1 734,4	1 729,6
Weltförderung	3 885,8	4 126,6	4 220,6

Source: BP 2015

2. Développement de l'Énergie Nucléaire.

Hiroshima: les ruines du bâtiment de la Chambre de commerce (« Dôme de la bombe atomique »). Mémorial commémorant l'explosion de la bombe atomique en 1945

Pendant la Seconde Guerre mondiale, la fission nucléaire a été étudiée et développée pour créer la bombe atomique. À la fin de la guerre en 1945, des bombes de fission nucléaire ont été larguées sur les villes japonaises d' Hiroshima et de Nagasaki. « La chute d'une bombe atomique américaine à Hiroshima le 06/08/1945 (la toute première utilisation d'armes nucléaires) a fait environ 200 000 décès (plusieurs ont été victimes d'effets tardifs) et ont détruit 80% de la ville, reconstruite à partir de 1949. »[26]

Après la guerre, les puissances victorieuses ont développé et testé des bombes de fusion nucléaire, également appelées bombes à hydrogène, mais, heureusement, elles n'ont pas été utilisées. Dès lors et jusqu'à aujourd'hui, l'utilisation du nucléaire pour la production d'énergie pacifique ne fait référence qu'à la fission nucléaire. L'utilisation de la fusion nucléaire pour la production d'énergie n'était pas encore disponible dans le commerce. En République Fédérale d'Allemagne, le développement de l'énergie nucléaire pour la production d'énergie pacifique a également commencé à être propulsé au devant de la scène. En 1956, une commission nucléaire a été formée pour conseiller le gouvernement fédéral en matière législative. Plus tard, elle n'était plus nécessaire et a été dissoute en 1971.[27]

« À Biblis am Rhein, près de Worms, les énormes structures ne dépassent pas seulement la vénérable cathédrale de l'ancienne ville impériale en termes de taille et de masse, mais aussi tout ce qui a déjà été construit dans la région.

---

26 DIE ZEIT: Das Lexikon in 20 Bänden, tome 06, p. 423, avec illustration (page précédente).
27 Winnacker/Wirtz 1975, p. 76s.

Ce sont les réacteurs et les dômes de refroidissement de deux centrales nucléaires d'une capacité combinée de 2,5 milliards de watt. ... Ces deux grandes centrales électriques sont les plus grands types de réacteurs à eau légère à ce jour. De telles centrales électriques sont en cours de construction dans de nombreux pays industriels et à divers endroits en Allemagne de l'Ouest. Pour l'une voire les deux prochaines décennies, ils seront au premier niveau de développement dans l'utilisation de l'énergie nucléaire. »[28]

Le 26/04/1986, la plus grande catastrophe de réacteur nucléaire dans l'histoire de l'énergie nucléaire civile s'est produite dans la région ukrainienne de Tchernobyl.[29]

« Lors d'un essai sur les turbo-générateurs du bloc 4, dans des conditions modifiées de fonctionnement du réacteur, une augmentation soudaine des performances ne pouvait plus être contrôlée et avait entraîné plusieurs explosions de vapeur et des incendies qui ont complètement détruit le réacteur. »[30]

Un nuage radioactif s'est formé suite à une fuite dans le noyau du réacteur endommagé, s'étendant jusqu'à la Scandinavie et l'Europe de l'Ouest. La politique d'information soviétique a d'abord essayé de minimiser la catastrophe. L'aide des spécialistes étrangers n'a été acceptée que six jours après la pluie radioactive.

---

[28] Ibid, p. 191.
[29] Der Fischer Weltalmanach 1987, p. 216s.
[30] DIE ZEIT: Das Lexikon in 20 Bänden, tome 15, p. 110s, avec illustration (page suivante).

Tchernobyl: vue du bloc N°4 de la centrale nucléaire après l'explosion du réacteur le 26/04/1986

Le 14 mai 1986, le secrétaire général de l'Union Soviétique de l'époque, Mikhaïl Gorbatchev, évoque pour la première fois cet accident dans un discours télévisé. Deux semaines après l'accident, le processus de combustion dans la partie contenant le graphite du réacteur a pu être arrêté. 203 opérateurs, y travaillant, ont subi une grave exposition à la radioactivité, 17 en sont morts de brûlures et 15 autres à cause du rayonnement radioactif. Tandis que 45000 personnes ont été évacuées des zones touchées, plus de 90 000 habitants les ont suivies un peu plus tard (annonce officielle).[31]

« La catastrophe s'est produite pendant qu'un test de système de sécurité, mal conçu, était en cours de réalisation. »[32]

La carte de la page suivante montre la répartition des centrales nucléaires dans l'ancienne Union soviétique. Le réacteur de Tchernobyl était un réacteur au graphite d'eau légère, également appelé réacteur à eau bouillante (REB). Ce type de réacteurs a d'abord été conçu en raison de sa construction simple et moins coûteuse. Les réacteurs à eau pressurisée, ayant une structure plus complexe, utilisant des circuits séparés d'eau et de vapeur, ont atteint un niveau de sécurité plus élevé arrivent alors plus tard.

---

31 Der Fischer Weltalmanach 1987, p. 217s.
32 Ibídem, p. 218s avec carte.

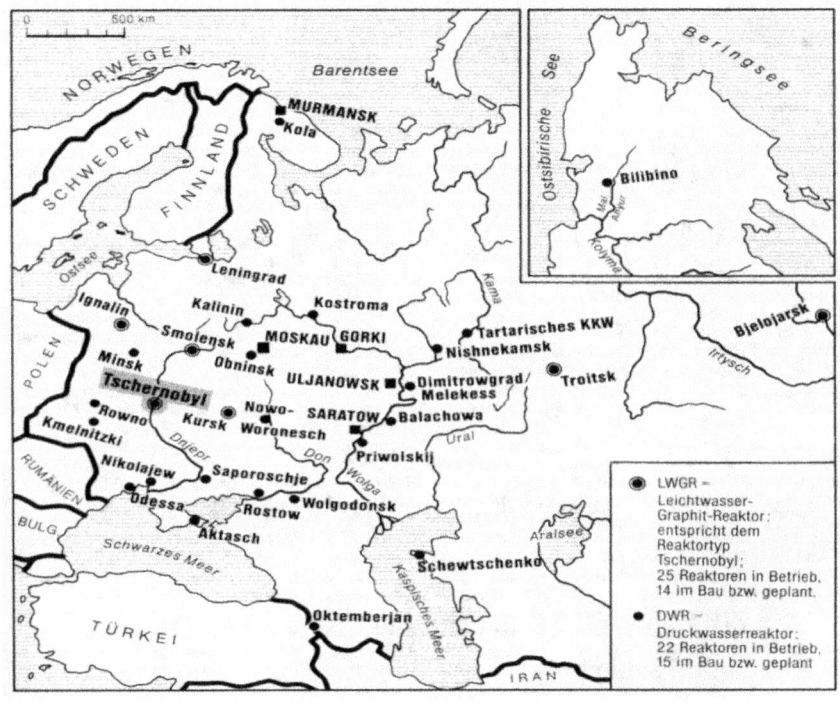

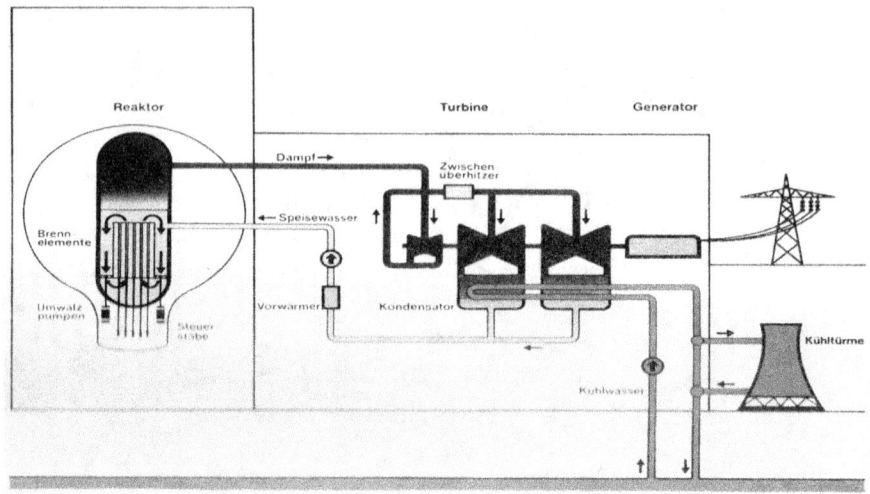

Les différentes circulations dans le réacteur à eau bouillante (REB) [5].

« La différence principale entre le REP et le REB est le fait que le REB ait un seul circuit. Le récipient de pression du réacteur récupère la vapeur générée dedans et l'envoie directement dans la turbine ... Pour ce faire, le noyau du réacteur reste recouvert d'eau au niveau des pompes sous pression, l'eau circule dedans le noyau au sein d'un court-circuit. Une partie de cette eau est évaporée dans le processus et remplacée par l'alimentation en eau condensée ... Les avantages de REB par rapport au REP, c'est qu'il possède une structure plus simple, une pression plus basse dans le récipient de pression du réacteur et un peu plus d'efficacité. Toutefois, ces avantages doivent être acquises en dépit de la contamination radioactive de la turbine et, inévitablement, en raison de l'utilisation de la vapeur produite dans le réacteur, cela rend le travail de la machine plus difficile. »[33]

---

33 Münch, Erwin 1980, p. 34s., avec l'illustration.

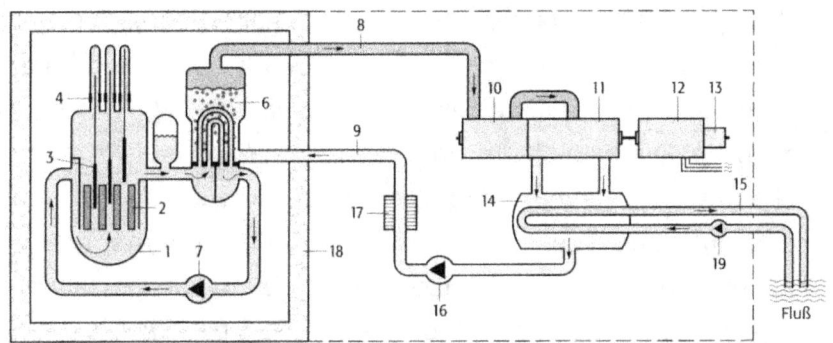

Réacteur à eau sous pression: Structure schématique: 1) la cuve de pression du réacteur, 2) Le combustible d'uranium, 3) Les barres de commande, 4), Les unités de barres de commande, 5) Le pressuriseur, 6) Le générateur de vapeur, 7) La pompe à liquide de refroidissement, 8) La vapeur, 9) L'eau d'alimentation, 10) Une partie à haute pression de la turbine, 11) La partie basse pression de la turbine 12) Le générateur, 13) L'excitateur, 14) Le condensateur, 15) L'eau de rivière, 16) L'eau d'alimentation, 17), Le préchauffage, 18) Le blindage en béton, 19) La pompe à eau de refroidissement.[34]

Cette figure illustre schématiquement le REP. «Le cœur du réacteur, le noyau, est situé à l'intérieur d'un récipient en acier solide d'une épaisseur de paroi de 20 à 30 cm. Il se compose de barres de combustible minces densément emballées, contenant l'oxyde d'uranium comme carburant, dans un boîtier métallique... Les neutrons se déplacent entre les barres de combustible et les barres de commande en matériau absorbant. Les barres de commande sont déplacées par des entraînements électromécaniques montés sur le couvercle du récipient sous pression. Les tiges sont introduites dans le noyau par effet de gravité. La chaleur produite par la fission nucléaire dans les barres de combustible est absorbée par l'eau qui est pompée entre les barres de combustible. L'eau sert également de modérateur. L'eau, qui est à une température de 323 ° C, est acheminée vers le générateur de vapeur. Elle traverse un grand nombre de petits

---

34 Lexikon der Physik, 2000, tome 2, p. 97.

tubes, grâce à quoi la chaleur traverse la paroi du tuyau vers l'eau pour le circuit secondaire à l'extérieur du tuyau. L'eau primaire sort du générateur de vapeur, refroidie à environ 290 ° C, et est renvoyée au réacteur sous pression. La pression dans le circuit primaire est si élevée, à 155 bars, que l'eau ne s'évapore toujours pas malgré son réchauffement à 323 ° C. C'est pourquoi on l'appelle un réacteur à eau sous pression. En revanche, la pression sur le côté secondaire n'est que d'environ 60 bars. À cette pression et à cette température, l'eau du circuit secondaire est prise dans le générateur de vapeur et s'évapore. La vapeur générée est utilisée pour faire tourner les turbines. »[35]

Dans certains pays voisins de l'ex-Union Soviétique, la crise de Tchernobyl a eu un impact significatif: La Pologne, la Hongrie, la Roumanie et la Yougoslavie ont critiqué ouvertement la politique d'information soviétique. Il y avait des manifestations qui exigent de cesser la construction de nouvelles centrales et de reporter celle déjà décidée. En République fédérale d'Allemagne, la discussion sur l'utilisation de l'énergie nucléaire a été relancée. Aux Pays-Bas, les plans de construction de deux nouvelles centrales nucléaires ont été suspendus.[36]

---

[35] Münch, Erwin, 1980, p. 33.
[36] Der Fischer Weltalmanach 1987, p. 219.

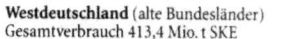
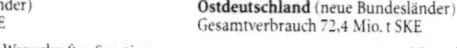
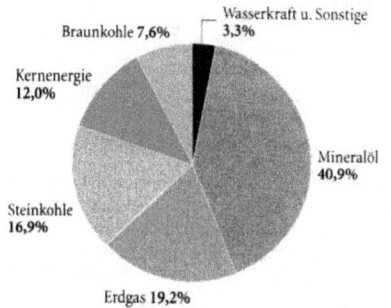
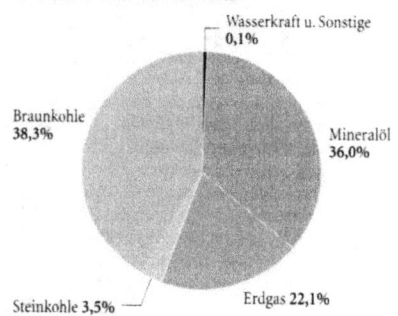

Source: Arbeitsgemeinschaft Energiebilanzen

En 1995, la consommation d'énergie primaire en Allemagne peut servir d'exemple du développement ultérieur de l'utilisation de l'énergie nucléaire. Dans ce cas, le pays s'est abstenu de construire d'autres centrales nucléaires, de sorte que l'énergie nucléaire, en tant que source d'énergie, ne représentait que 12% dans les anciens états fédéraux et n'a presque aucune importance dans les nouveaux. "La future contribution de l'énergie nucléaire (prévisions entre 8 et 15% pour la production d'électricité) est particulièrement incertaine, car les décisions politiques jouent ici un rôle plus important. »[37]

Dix ans plus tard, l'utilisation de l'énergie nucléaire par rapport à la consommation d'énergie primaire en Allemagne n'a guère changé. Au total, environ 486 millions de tonnes (unités de charbon) ont été consommées en 2005, soit la même quantité qu'en 1995. La part de l'énergie nucléaire a légèrement augmenté de 0,5%, c'est-à-dire à 12,5% (voir le diagramme page suivante).[38]

---

[37] Der Fischer Weltalmanach 1997, p. 1059-1062, avec l'illustration.
[38] Der Fischer Weltalmanach 2007, p. 675s, avec l'illustration.

Energieträger in Deutschland 2005
(Anteile am Primärenergieverbrauch)

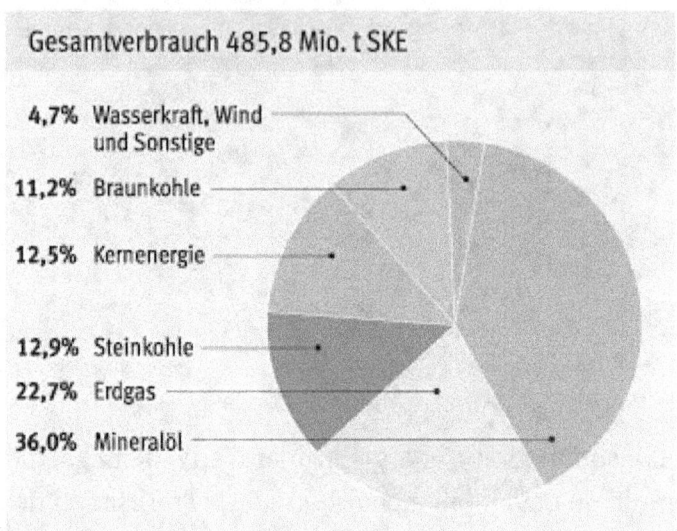

Source: Arbeitsgemeinschaft Energiebilanzen 2006

Une des raisons du ralentissement du développement de l'énergie nucléaire en Allemagne a été la coalition du SPD et le parti écologique «Alliance 90», qui gouvernait de 1998 à 2005 et a décidé, au cours de cette période, de supprimer l'énergie nucléaire. La grande coalition suivante entre CDU et SPD n'a pas voulu changer cette mesure. À partir de 2009, la coalition entre CDU et FDP a repris les commandes du gouvernement et a décidé d'inverser la tendance. Cependant, cette décision n'a duré que jusqu'en 2011.

« Un séisme de magnitude 9,0 sur l'échelle de Richter - le pire de l'histoire du pays - a frappé le nord-est du Japon le 11 mars 2011, suivi d'un énorme tsunami qui a dévasté des grandes régions du pays. Selon les autorités japonaises, au moins 15 000 personnes ont été tuées et 500 000 étaient hébergés dans des abris temporaires. En raison de cette catastrophe naturelle, le système de refroidissement de la centrale électrique de Fukushima Daiichi, à environ 270 km au nord de Tokyo, est mis hors service. Après plusieurs explosions, des effluents de noyau se sont produits dans trois blocs de réacteurs. Le 12 avril 2011, l' autorité japonaise de sûreté nucléaire a classé la catastrophe à Fukushima au niveau de risque le plus élevé 7 de l'Échelle internationale d'événements nucléaires (INES) - aussi élevé que le désastre du réacteur à Tchernobyl en 1986. »[39]

« La catastrophe nucléaire de Fukushima ... est le deuxième événement de niveau **d'incident 7** dans l'histoire de l'énergie nucléaire. »[40]

---
39 Der neue Fischer Weltalmanach 2012, p. 17, avec l'illustration.
40 Ibid, p. 26, avec l'illustration, page suivante.

Réacteur détruit de la centrale nucléaire de Fukushima Daiichi le 24/3/2011

« La catastrophe de Fukushima a également amené de nombreux pays à revoir leur politique de planification de l'énergie atomique. Ainsi, au milieu de 2011, les pays suivants, entre autres, ont annoncé un examen ou une **correction de la politique de l'énergie nucléaire :**

• Le 25/05/2011 le gouvernement suisse a décidé de fermer définitivement les cinq réacteurs qui couvrent à ce jour près de 40% des besoins en électricité du pays.

• En Allemagne, dans le cadre du paquet législatif pour la transition énergétique adoptée par le Parlement fédéral le 30/06/2011et par le Conseil fédéral le 08/07/2011, il a été décidé de ne plus remettre en fonction les sept réacteurs fermés lors du déroulement du moratoire sur le nucléaire et sur la centrale de Krümmel, qui avait déjà été opérationnel depuis 2009, et de fermer les neuf récents réacteurs au plus tard le 31/12/2022.

• Au Japon, le 10/05/2011, le gouvernement a gelé ses plans d'expansion pour l'énergie nucléaire - ce qui représente environ 30 à 50% de l'alimentation électrique d'ici 2030 - et a annoncé une expansion des énergies renouvelables.

• En Italie, les plans du gouvernement Berlusconi pour un retour à l'énergie nucléaire ont été arrêtés au moyen d'un référendum le 13/06/2011. 94,1% ont voté contre l'énergie nucléaire, confirmant ainsi le résultat d'un référendum en 1987 suite au désastre de Tchernobyl.»[41]

La grande catastrophe nucléaire à Fukushima a eu un effet mondial:

« La production d'électricité par les centrales nucléaires est passée de 2.630 milliards de GWh en 2010 à 2.518 milliards de GWh en 2011, ce qui correspond à une baisse de 4,3%, la plus importante depuis 1965. La principale raison en est la baisse de la production d'électricité utilisant l'énergie nucléaire au Japon (-44,3%) et en Allemagne (-23,2%). »[42]

L'année suivante, la production d'électricité à partir de l'énergie nucléaire dans le monde a baissé de 7%.[43]

« En 2013, la production d'électricité utilisant l'énergie nucléaire en Allemagne a diminué de 2,2% par rapport à l'année précédente selon AG Energiebilanzen. Les neuf centrales nucléaires restant en lisse ont généré 97,3 milliards de kWh (2012: 99,5 milliards de KWh) , ce qui correspond à une part de 15,4% dans la production brute d'électricité en Allemagne (2012: 15,8%), permettant ainsi

---

41 Ibid, p. 25.
42 Der neue Fischer Weltalmanach 2013, p. 666.
43 Der neue Fischer Weltalmanach 2014, p. 666.

de placer l'énergie nucléaire derrière le charbon de lignite. Les sources d'énergie renouvelables et le charbon deviennent la quatrième source d'énergie la plus importante pour la production d'électricité. La part de l'énergie nucléaire dans la consommation d'énergie primaire était de 7,6% en 2013 (2012: 8,0%). Les neuf centrales nucléaires subsistantes doivent être désaffectées dans l'ordre suivant: Grafenrheinfeld (2015), Gundremmingen B (2017), Philippsburg 2 (2019), Grohnde, Gundremmingen C et Brokdorf (2021). Les trois installations les plus récentes, Isar 2, Emsland et Neckarwestheim 2, seront supprimées de la grille au plus tard fin 2022.

Tandis que l'Allemagne, la Suisse et la Belgique ont décidé d'éliminer l'énergie nucléaire après le désastre du réacteur de Fukushima et lorsque l'énergie nucléaire est de plus en plus critiquée au Japon, certains pays émergents, en particulier la Chine, la Russie, l'Inde et le Brésil continuent à avancer dans le développement de l'énergie nucléaire. Les pays nucléaires confirmés tels que les États-Unis, le Canada, le Royaume-Uni, la Finlande, la Hongrie, la Slovénie, la Slovaquie et la Suède conservent leur parc d'énergie nucléaire dans le cadre du mélange énergétique national et, dans certains cas, investissent aussi dans de nouveaux projets de construction. »[44]

Le 23/07/2015, Deutschlandfunk, ZDF et ARD ont annoncé que la France envisageait de générer 50% de ses besoins énergétiques par l'énergie nucléaire au lieu de 80%. Le reste doit être généré à l'aide de sources d'énergie renouvelables.

---

44 Der neue Fischer Weltalmanach 2015, p. 667.

3. Déveoppement des Sources d'Énergies Renouvelables.

Durant la période qui s'étend de la fin de la Seconde Guerre mondiale jusqu'en 1985, les sources d'énergie renouvelables, à l'exception de l'hydroélectricité, n'ont joué aucun rôle dans la production d'électricité mondiale. Néanmoins, des centrales hydroélectriques ont été construites et développées dans le monde entier :

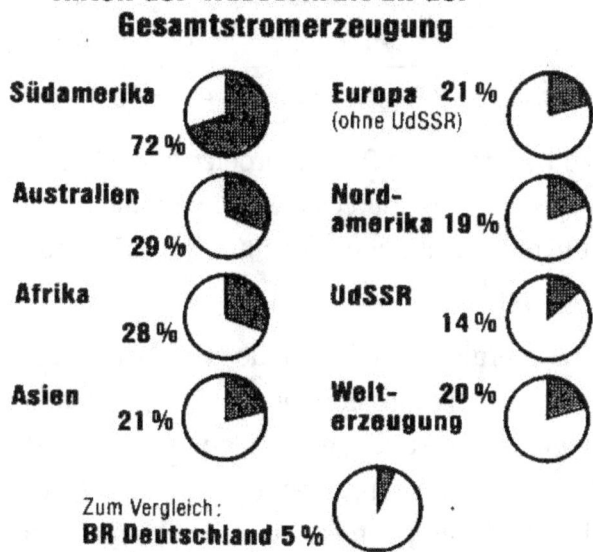

Dans certaines régions du monde, principalement dans des pays en voie de développement, la production d'électricité utilisant l'hydroélectricité est nettement plus élevée que dans les pays industrialisés.[45]

---
45 Der Fischer Weltalmanach 1987, p. 889, avec la figure.

Le tableau suivant montre le développement de la part d'énergie hydroélectrique dans les équivalents du charbon (tec), en pourcentage de la consommation mondiale d'énergie de 1970 à 1983 :

L'utilisation de l'énergie pour la consommation énergétique mondiale 1970-1983
(Seule l'énergie commerciale) pour "Annuaire des statistiques de l'énergie mondiale", ONU

	1970		1980		1983	
	Mill. t SKE	%	Mill. t SKE	%	Mill. t SKE	%
Erdöl	3009	45,3	3990	45,6	3701	42,9
Kohle	2184	32,9	2625	30,0	2733	31,7
Erdgas	1293	19,5	1831	20,9	1855	21,5
Kernenergie	10	0,1	84	1,0	114	1,3
Wasserkraft	145	2,2	218	2,5	233	2,7
insgesamt	6641	100,0	8755	100,0	8635	100,0

Sa part est passée de 2,2 en 1970 à 2,7 en 1983.[46]

Douze ans plus tard, en 1995, l'hydroélectricité joue toujours le principal rôle parmi les sources d'énergie renouvelables. L'énergie éolienne et le photovoltaïque sont sous une autre catégorie de sources d'énergie.[47]

« La part de l'énergie hydroélectrique et d'autres sources d'énergie renouvelables (les énergies éolienne, solaire et géothermique) a relativement et lentement augmenté depuis 1970 (2,2%) jusqu'en 1980 (2,3%), puis un peu plus rapidement en raison de l'accélération du développement et du financement public ciblé dans de nombreux pays (1985: 2,6% -1990: 2,9% -1995: 3,0% -2002: 3,3%). L'hydroélectricité est particulièrement importante dans de nombreux pays en voie de développement. Dans les pays industrialisés, à l'exception des pays montagneux : l'Autriche, la

---
46 Ibídem, p. 891s, avec le tableau.
47 Der Fischer Weltalmanach 1997, p. 1053s.

Suisse et la Norvège, la part de l'hydroélectricité est relativement insignifiante et difficile à augmenter. L'utilisation d'autres sources d'énergie renouvelables telles que l'énergie solaire et l'énergie éolienne dans le monde n'a pas débouché à des actes importants, même si elles ont leur importance régionale dans certains pays (par exemple, l'énergie géothermique en Islande, l'énergie éolienne au nord de l'Allemagne et au Danemark). »[48]

En Allemagne, les énergies renouvelables ont atteint environ 4,7% de la consommation d'énergie primaire en 2005 (voir la figure «Sources d'énergie en Allemagne 2005» au chapitre 2). Trois ans plus tard, l'image concernant la production d'électricité en fonction de la source d'énergie en Allemagne était significativement différente :

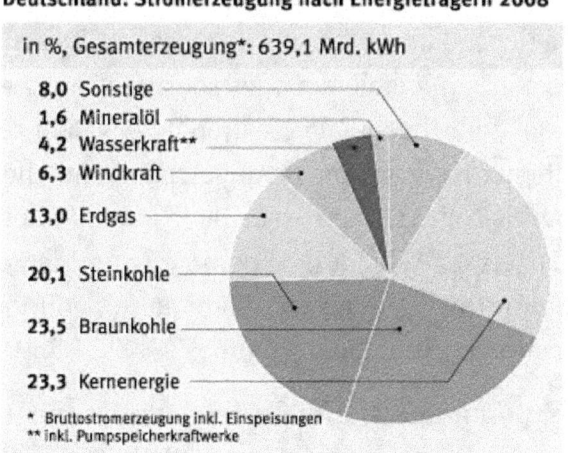

Source: Arbeitsgemeinschaft Energiebilanzen 2009

L'énergie hydroélectrique et l'énergie éolienne ont atteint ensemble environ 10,5% de la production d'électricité. Un autre

---
48 Der Fischer Weltalmanach 2007, p. 673.

8 % a été attribué à d'autres sources, comme le photovoltaïque, le biogaz, etc.[49]

Deux ans plus tard, en 2010, la part des sources d'énergie renouvelables dans le monde a encore augmenté. Les sources d'énergie renouvelables (ou régénératives) - l'eau, l'énergie éolienne, la biomasse, le photovoltaïque, l'énergie solaire et l'énergie géothermique - devenaient de plus en plus importantes dans le monde entier, soit en complément, soit en remplacement des combustibles fossiles - pétrole, gaz naturel, charbon et énergie nucléaire - L'utilisation plus intense de sources d'énergie renouvelables, à l'exception de la biomasse, permet de réduire les émissions de gaz à effet de serre, contribuant ainsi à la protection du climat. En outre, les sources d'énergie renouvelables privilégient la diversification de la source des matières premières et réduisent la dépendance vis-à-vis des fossiles. Les énergies renouvelables sont principalement des sources d'énergie domestiques qui contribuent à la création de la valeur régionale. Dans de nombreux pays en voie de développement, elles peuvent également fournir à une grande partie de la population un accès plus facile à l'énergie. À ce jour, de nombreux problèmes technologiques, infrastructurels, économiques et politiques ont rendu l'application universelle difficile.

La **consommation totale mondiale des énergies renouvelables primaires**, d'après BP s'élève à 7,8% en 2010. 6,5% de cette énergie s'explique par l'hydroélectricité et 1,3% par les autres sources d'énergie renouvelables».[50]

Prenons, à titre d'exemple, la production d'électricité en

---
49 Der Fischer Weltalmanach 2010, p. 703, avec la figure.
50 Der neue Fischer Weltalmanach 2012, p. 682s.

Allemagne, où le développement de la part des énergies renouvelables est un peu plus clair :

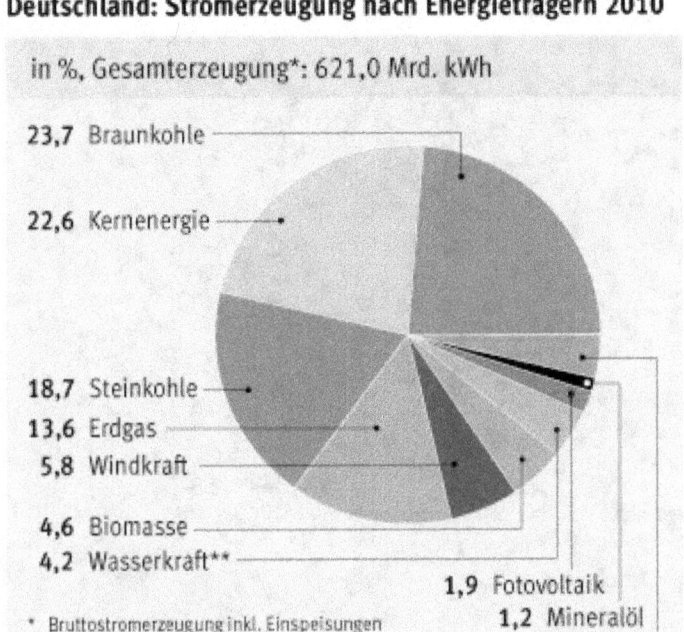

Source: AG Energiebilanzen 2011

Ici, l'énergie éolienne, la biomasse, l'hydroélectricité et le photovoltaïque s'élèvent à une part de 16,5%.[51]

Si l'on avance de trois ans, on découvre une augmentation rapide de la portion des énergies renouvelables qui génère de l'électricité en Allemagne. Le photovoltaïque, à 4,7%, fournit plus de puissance que l'énergie hydroélectrique (3,2%).

---

51 Ibid, p. 685, avec le diagramme.

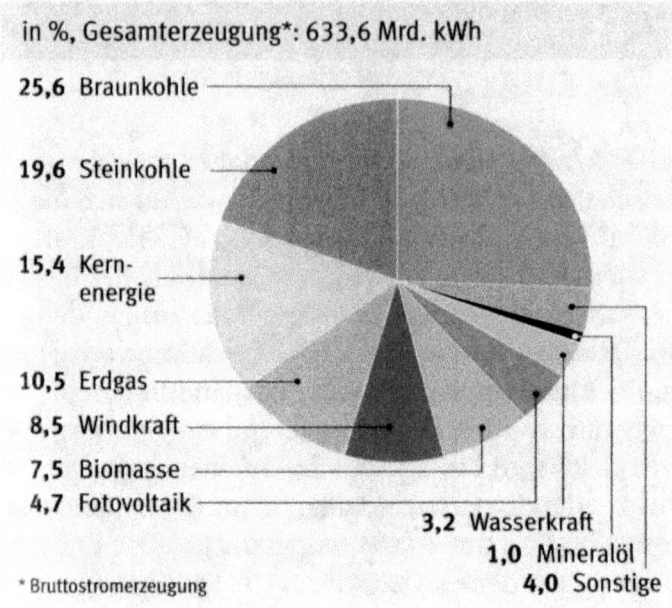

Source: AG Energiebilanzen 2014

L'énergie éolienne, la biomasse, l'énergie solaire et l'énergie hydroélectrique représentent une part totale de 23,9% de la production d'électricité.[52]

«Ainsi, les énergies renouvelables sont devenues la deuxième source d'énergie la plus importante pour la production d'électricité après le charbon de lignite. »[53]

---

52 Der neue Fischer Weltalmanach 2015, p. 669, avec la figure.
53 Ibid, p. 668.

« En 2013, le Danemark a réalisé sa proportion la plus élevée de l'électricité renouvelable s'élévant à 47%, suivie par le Portugal à 30% et l'Espagne à 26%. Si l'hydroélectricité est incluse dans les calculs, la contribution des sources d'énergie renouvelables à la production mondiale d'électricité a atteint 21,7% en 2013. En Europe, elle représentait 26,3%, en Amérique centrale et en Amérique du Sud, 63,0% en raison de la forte part de l'énergie hydroélectrique. Par ailleurs, au Moyen-Orient, cela ne représentait que 2,6%. »[54]

La part des sources d'énergie renouvelables dans le monde a considérablement augmenté. Dans les cinq année, allant de 2009 à 2014, elle a doublé et a atteint les 6%. En Europe, y compris en Russie et dans les pays de la CEI, la portion égalait les 10,5% en 2014 et continue toujours à augmenter.[55]

Cette évolution s'est également traduite en Allemagne. « En Allemagne, la production brute d'électricité provenant de l'énergie solaire, éolienne, hydroélectrique, de la biomasse et des déchets ménagers était de 160,6 milliards de kWh en 2014. C'est plus 5,4% par rapport à 2013. La contribution des sources d'énergie renouvelables à la production brute d'électricité a donc augmenté jusqu'à 26,2 % (24,1% en 2013), grâce à quoi les énergies renouvelables ont devancé le charbon de lignite (25,4%) en tant que sources d'énergie les plus importantes pour la production d'électricité. »[56]

---

54 Ibid, p. 667.
55 Der neue Fischer Weltalmanach 2016, p. 667, avec la figure.
56 Ibíi, p. 669, avec la figure de la page suivante.

Anteil erneuerbarer Energieträger* an Stromerzeugung nach Regionen

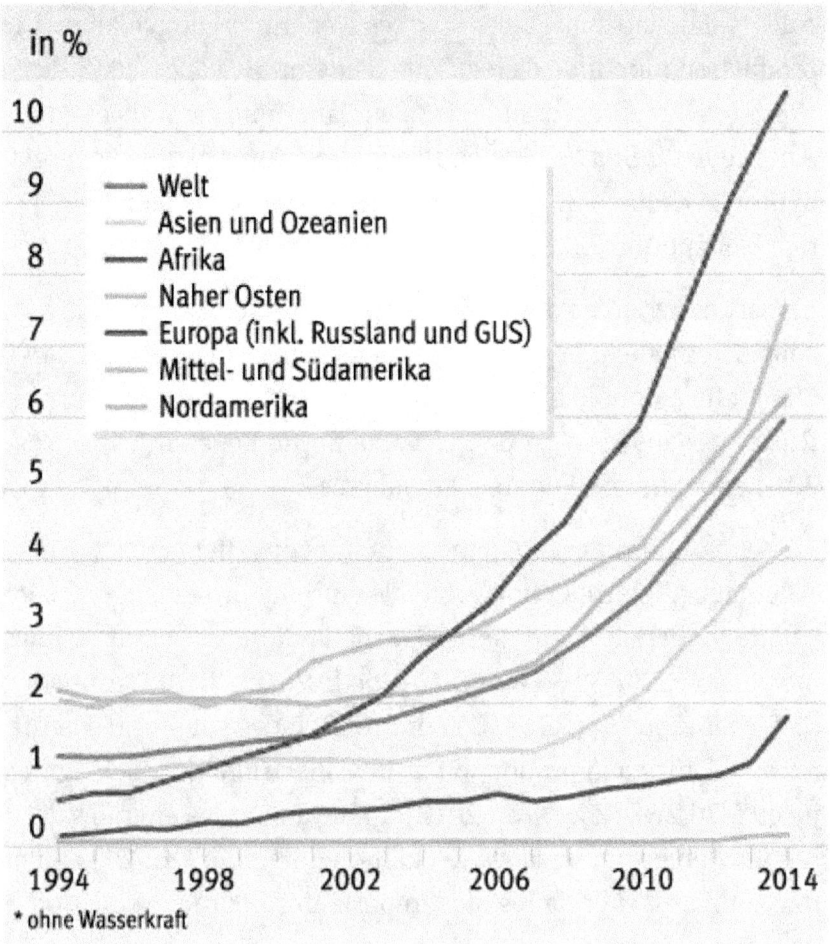

* ohne Wasserkraft

Source: BP 2015

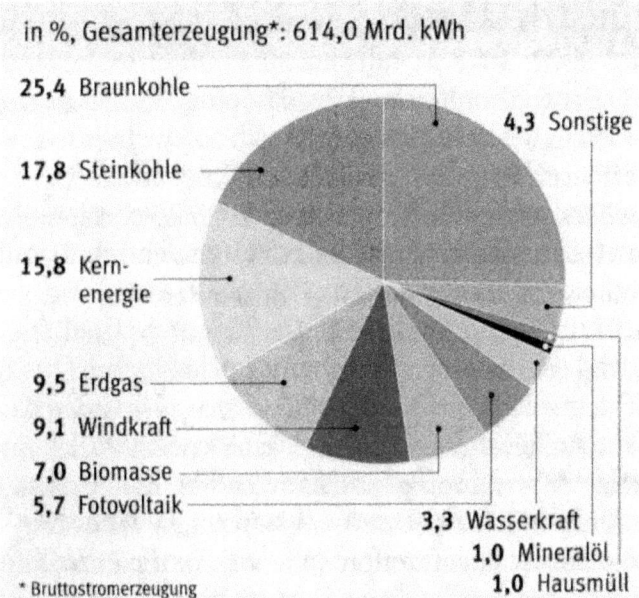

Source: AG Energiebilanzen 2015

4. Le développement du climat au cours du dernier siècle.

Les changements climatiques affectent particulièrement la circulation générale de l'atmosphère, la pression atmosphérique, la température et les précipitations. Divers effets rétroactifs ont été découverts au cours de ces dernières décennies. Aux changements climatiques naturels, comme les influences variables du soleil et des éruptions volcaniques, s'ajoutent aujourd'hui ceux qui sont occasionnés par les humains, en particulier par « l'approvisionnement en énergie, les gaz résiduaires, l'augmentation du dioxyde de carbone, les gaz d'échappement et les changements dus à la destruction de la végétation. »[57]

Les impacts spatiaux limités sur l'atmosphère causent souvent des dommages importants, tels que la chaleur perdue, les pluies acides, le smog, les oxydants photochimiques et la pollution de l'air. La multiplication de ces effets à l'échelle mondiale entraîne des problèmes beaucoup plus importants dont les causes anthropiques sont difficiles à prouver « Comme c'est le cas, depuis l'industrialisation, il y a environ 100 ans, la température globale de l'atmosphère au niveau du sol a augmenté de 0,7 ° C, de façon plus significative au cours des dix dernières années. »[58]

Les activités humaines au cours de l'industrialisation ont changé la composition de l'atmosphère à tel point qu'une menace pour la survie de la vie sur terre s'est progressivement développée et

---

[57] DIE ZEIT: Das Lexikon in 20 Bänden (Le Lexique en 20 Volumes), volume 08, p. 55.
[58] Ibid.

continue de croître. « La concentration atmosphérique des gaz à effet de serre et la température moyenne globale sont assujetties aux fluctuations naturelles qui sont de plus en plus chevauchées par l'impact des activités humaines. Depuis le début de l'industrialisation, cela a entraîné une augmentation des gaz à effet de serre et du réchauffement climatique ... »[59]

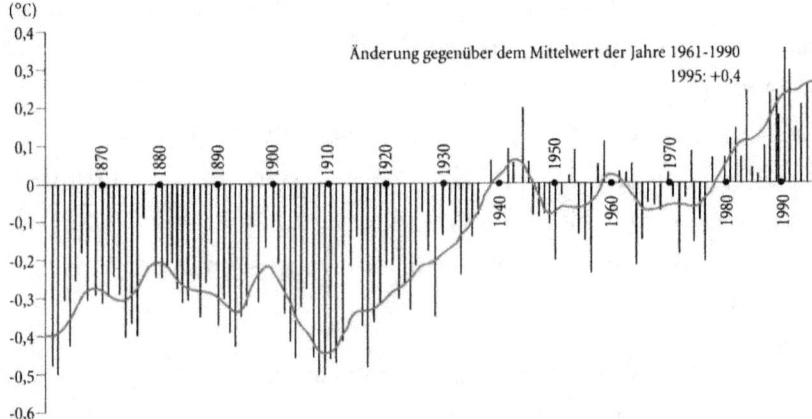

Source: Centre-Hadley 1996

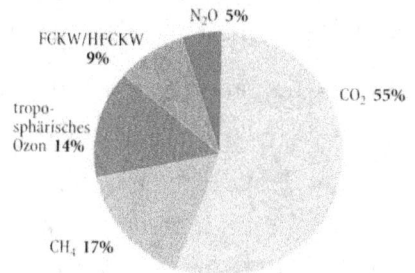

« La contribution au réchauffement climatique des gaz à effet de serre provient des augmentations respectives de leur concentration et de la capacité de la Terre à absorber le rayonnement thermique ... Nous savons récemment que les

---
59 Der Fischer Weltalmanach 1997, p. 1120s, avec la figure.

aérosols atmosphériques sont produits lors de la combustion du fioul lourd (charbon, pétrole et gaz naturel) et de la biomasse, qui ont un effet potentiellement refroidissant sur le climat grâce à une réflexion accrue sur le rayonnement solaire. L'impact climatique de l'augmentation des concentrations de gaz à effet de serre est ainsi compensé d'environ 20% »[60]

Ce développement a entraîné des mesures politiques en 1992: une Convention-cadre sur les changements climatiques a été signée par 159 pays, entrée en vigueur le 21/03/1994 et ratifiée par ces pays jusqu'en 1996. La première Conférence des Parties à la Convention-cadre des Nations Unis sur le changement climatique s'est déroulée du 28/03 au 07/04/1995 à Berlin et a déterminé que les objectifs de limitation et de réduction devraient être adoptés pour des délais précis par la troisième Conférence des Parties en 1997 au Japon.[61]

Vers la fin de 1997, des engagements spécifiques et plus poussés pour lutter contre le changement climatique ont été rendus publics à **Kyoto** (Japon) par l'adoption du «**Protocole de Kyoto**» à l'occasion de la troisième Conférence des Parties à la Convention-cadre des Nations Unis sur les changements climatiques.[62]

Quelques années plus tard, Il s'est avéré que la décennie de 1995 à 2005, à l'exception des années 1996 et 2000, était la plus chaude depuis le début des enregistrements des températures.
« À l'échelle régionale, les phénomènes **climatiques extrêmes**, comme ceux expérimentés aux années précédentes, ont été très inégalement répartis: **des vagues de chaleur** en Australie (l'année

---

60 Ibid, p. 1123, avec la figure.
61 Ibid, p. 1125.
62 Der Fischer Weltalmanach 2004, p. 1318.

la plus chaude depuis le début des enregistrements en 1910), l'Inde, le Pakistan et le Bangladesh (mai / juin, record de température entre 45 et 50 ° C, retard de la mousson du sud-ouest, au moins 400 décès en Inde), au sud-ouest des États-Unis (début juillet), au centre du Canada (l'été le plus chaud et le moins humide à ce jour), en Chine (l'un des étés les plus chauds depuis 1951), le sud de l'Europe et l'Afrique du Nord (juillet, les températures en Algérie atteignent les 50 ° C, plusieurs décès).

Des vagues de froid ont été observées dans les Balkans (début février) au Maroc (janvier, basses températures, jusqu'à -14 ° C) et dans la région de l'Asie de l'Est (décembre, au Japon et en Corée). Les longues années de **sécheresse** à travers la Corne de l'Afrique (le sud de la Somalie, l'est du Kenya, le sud-est de l'Éthiopie et le nord-est de la Tanzanie) continuaient à menacer de famine 11 millions de personnes dans cette région. Entre autres, la sécheresse a également affecté l'Afrique australe (5 millions de personnes affamées au Malawi), l'Europe occidentale (les pires sécheresses en Espagne et au Portugal depuis les années 1940), le Sud du Brésil (Décembre, la récolte de maïs et de soja très affectée) et le bassin amazonien (niveau d'eau le plus bas depuis 60 ans). Des pluies torrentielles et des **inondations** pendant la période de la mousson (de juin à septembre) ont touché 20 millions de personnes dans l'ouest et le sud de l'Inde, ce qui a entraîné 800 décès. Le 27/07/2005, 944 mm de pluie sont tombés à Mumbai, du jamais vu auparavant en une seule journée. Environ 450 personnes sont tombées, victimes des inondations. D'autres inondations ont eu lieu d'octobre à décembre au sud de l'Inde (300 décès), en Thaïlande (52 morts) et au Vietnam (69 morts), pendant la troisième semaine de juin dans le sud de la Chine (170 morts), en Europe de l'Est (66 morts en Roumanie seule) de mai à août, au Costa Rica et au Panama (35 000 réfugiés) au mois de janvier, en Colombie et au Venezuela (80 morts) en février . »[63]

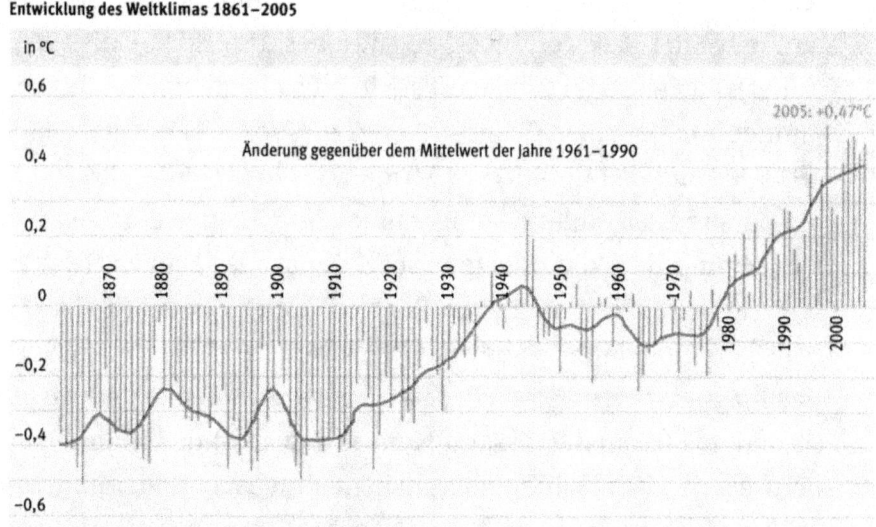

Source: OMM

« **L'élévation du niveau de la mer** de 10 à 20 cm observée au cours des cent dernières années est probablement due en grande partie au réchauffement climatique. Ce processus peut être accéléré par la fonte des calottes polaires. Le taux d'épaisseur du volume des glaces de mer dans l'Arctique est aujourd'hui réduit de moitié qu'il était il y a 50 ans, sa propagation en 2005 était bien en dessous de la moyenne à long terme pour la quatrième année consécutive (-20% par rapport à la période de 1974 à 2004). À l'horizon 2100, le "Groupe d'experts intergouvernemental sur l'évolution du climat (GIEC) ", soumis au niveau de l'ONU, prévoit une augmentation supplémentaire de la température moyenne globale de 1,4 à 5,8 ° C et une élévation du niveau de la

---
63 Der Fischer Weltalmanach 2007, p. 710s, avec la figure.

mer de 9 cm à 88 cm, si aucune mesure appropriée n'est prise. Les nouveaux modèles de calcul publiés fin septembre 2005, où 15 groupes de recherche dans le monde entier ont participé, ont affiché une augmentation de température de 4 ° C si les émissions de gaz à effet de serre continueraient d'augmenter comme précédemment et de 2,5 ° C si au moins les exigences du Protocole de Kyoto sont respectées.

Selon les nouvelles études menées par des chercheurs américains publiés dans la revue scientifique "Science" à la fin du mois de mars 2006, les couches de glace au Groenland et à l'Antarctique pourraient fondre beaucoup plus rapidement que prévu : l'été arctique en 2100 peut donc être aussi chaud qu'il y a près de 130 mille ans. Le niveau de la mer était alors six mètres plus élevé qu'il ne l'est aujourd'hui. Comme la destruction des calottes glaciaires et l'élévation subséquente du niveau de la mer se produisent avec un retard de temps, ce processus deviendra irréversible dans la seconde moitié du 21ème siècle. Les chercheurs pensent que le niveau de la mer aura augmenté de quatre à six mètres d'ici 2100, si les émissions de gaz à effet de serre ne sont pas réduites rapidement et en permanence. Une conséquence très visible du réchauffement climatique est la récession accélérée des glaciers alpins. La fonte a commencé au milieu du 19ème siècle, lorsque les glaciers alpins ont encore un volume de 200 km³. En 2000, il atteignait toujours 75 km³ et avait diminué jusqu'à 68 km³ seulement en 2005. Rien que pour la période de 1985 à 2000, les glaciers alpins ont perdu 20% de leur surface et un quart de leur volume. Une masse fondue de cette ampleur n'était attendue qu'en 2025. Le taux de perte de surface a donc doublé de 1% par an entre 1973 et 1985 à 2% annuel aujourd'hui . »[64]

Les changements climatiques se sont donc développés à un rythme antérieurement imprévisible et ne peuvent plus être niés en tenant compte de La Niña (phénomène météorologique de refroidissement) et El Niño (phénomène météorologique chaud).[65]

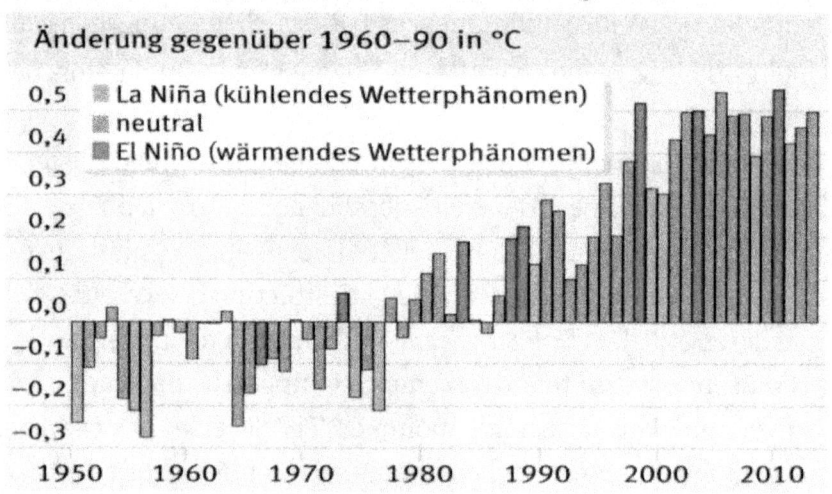

Source: OMM 2014

« Selon l'Organisation Météorologique Mondiale (OMM), 2013 (avec 2007) a été la sixième année la plus chaude depuis le début des enregistrements en 1850. La température à la surface de la terre était en moyenne de 0,5°C supérieure à la moyenne de 14,0°C pour la période de référence, entre 1961 et 1990 . Il faisait particulièrement chaud dans l'hémisphère sud: en Australie,

---
64 Ibid, p. 711s.
65 Der neue Fischer Weltalmanach 2015, p. 693, avec la figure.

l'année 2013 était l'année la plus chaude depuis le début des enregistrements et en Argentine, la deuxième plus chaude ayant été enregistrée. Depuis le début du XXème siècle, le climat mondial a chauffé d'environ 0,75 ° C, dont 13 des 14 années les plus chaudes étaient au XXIème siècle. Chacune des trois dernières décennies était plus chaude que la précédente. La décennie de 2001 à 2010 était la plus chaude jamais vue sur tous les continents, la température étant d'environ 0,46 ° C plus élevée que dans la période de référence de 1960 à 1990. La reconstitution du climat du passé, basée sur les anneaux d'arbres, les coraux, les carottes de glace et les sédiments, a démontré que la température moyenne dans l'hémisphère nord, au moins au cours des 1400 dernières années, n'a jamais été aussi élevée qu'elle l'est aujourd'hui. »[66]

Les causes du changement climatique peuvent désormais être quantifiées très précisément. "Le cinquième rapport d'étape du GIEC (le Change Climatique 2014) a résumé les résultats de la recherche climatique mondiale avec les mots suivants:" Le réchauffement du système climatique est apparent et les changements équivalents depuis les années 1950 n'ont pas été observés pendant des décennies ou des millénaires. L'atmosphère et les océans se sont réchauffés, la neige et la glace ont reculé, le niveau de la mer a augmenté et la concentration des gaz à effet de serre a augmenté. "La principale cause du réchauffement climatique au cours des dernières décennies est **l'émission accélérée de gaz à effet de serre par les humains. Le dioxyde de carbone (CO_2)** est le gaz à effet de serre le plus important, compte tenu d'environ trois quarts des émissions totales. Il

---

[66] Ibid, p. 693s.

provient principalement de la combustion des combustibles fossiles et, dans une moindre mesure, du déboisement des forêts, qui retiennent le CO_2 de l'air à mesure qu'elles poussent et agissent ainsi comme «éviers de CO_2». Après les forêts, les océans sont les «puits» les plus importants du cycle du CO_2».

D'abord, leur efficacité s'est accrue avec l'augmentation des émissions. Selon les calculs du Global Carbon Project, entre 1958 et 2010, 56% des émissions de CO_2 anthropiques ont été "tamponnées" de cette façon.

Toutefois, la capacité tampon des océans et des forêts a diminué ces derniers temps. D'une tonne de CO_2 sortie en 2010, uniquement la moitié est absorbée directement par les océans (24%) et par la biosphère (26%). Les 50% restants entraînent une augmentation accélérée de la concentration de CO_2 dans l'atmosphère.

Les autres gaz à effet de serre comprennent le méthane (CH_4, provenant principalement de l'élevage, de la production de pétrole, de gaz naturel et de la culture du riz), le protoxyde d'azote (gaz puissant, N_2O, qu'on trouve principalement à partir de sols sur-fertilisés) et les gaz fluorés. Il s'agit, entre autres, des hydrocarbures perfluorés (HFC) et de l'hexafluorure de soufre (SF_6), issus principalement de procédés industriels, ainsi que des chlorofluorocarbures (CFC) et des hydrocarbures partiellement halogénés (HCFC), utilisés comme liquides de refroidissement et solvants. La somme de toutes les émissions de gaz à effet de serre est exprimée en équivalent CO_2 (CO_2e). N_2O, CFC et - dans une moindre mesure - les HCFC provoquent également l'épuisement de la couche d'ozone («trou d'ozone») dans la stratosphère. C'est au-dessus de la troposphère, la couche d'atmosphère la plus basse, dans laquelle le climat et les phénomènes météorologiques se déroulent. Sur la base de la Convention des Nations Unies pour la protection de la couche d'ozone (Protocole de Montréal de 1987), la production et l'utilisation de CFC et de HCFC diminuent dans le monde entier et, avec cela, la couche d'ozone se remet lentement. Selon le plus récent rapport du GIEC, les concentrations de CO_2, de méthane et d'oxyde nitreux dans l'atmosphère dépassent maintenant les concentrations les plus élevées des 800 000 dernières années, c'est ce que nous renseignent les noyaux de glace. L'augmentation au cours du siècle dernier est supérieure à toute la période des 22 000 dernières années et cela continue à augmenter: de 1970 à 2000 l'augmentation était de 1.3% par an, et de 2000 à 2010 de 2.2% annuelle.

La somme de toutes les émissions anthropiques de gaz à effet de serre de 2000 à 2010 n'a jamais été aussi élevée. En 2010, elle a atteint 49 milliards de tonnes de CO_2e. Environ la moitié des émissions globales cumulatives de CO_2 à partir de 1750 jusqu'à 2010 sont survenues au cours des 40 dernières années. En 1970, les émissions cumulées de CO_2 provenant de la combustion des combustibles fossiles, la production de ciment et de gaz ont été d'environ 420 Gt selon le GIEC. En 2010, il s'agissait d'environ 1300 Gt. Les émissions de CO_2 accumulées de la foresterie et d'autres utilisations des terres, y compris l'agriculture depuis 1750, sont passées d'environ 490 Gt en 1970 à environ 680 Gt en 2010. Toutefois, l'impact économique de la crise financière et économique mondiale de 2007-2008 a réduit les émissions pendant une courte période de temps.

Depuis longtemps, la République populaire de Chine était le pays ayant les taux d' émission de CO_2 les plus élevées et les plus importantes« [67]

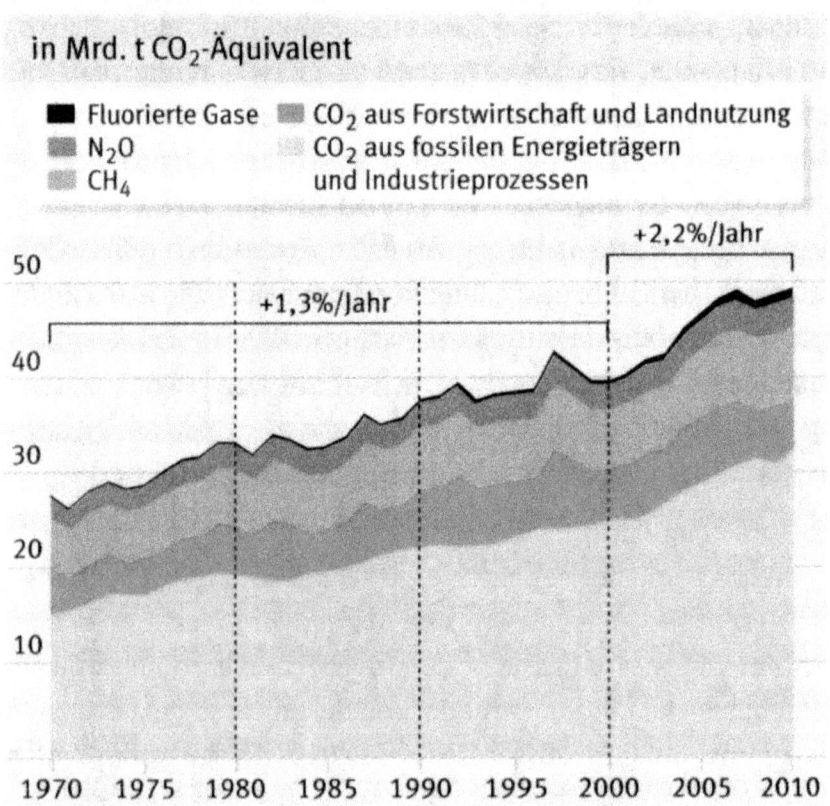

Treibhausgasemissionen 1970–2010

in Mrd. t CO_2-Äquivalent

- Fluorierte Gase
- N_2O
- CH_4
- CO_2 aus Forstwirtschaft und Landnutzung
- CO_2 aus fossilen Energieträgern und Industrieprozessen

Source: IPCC 2014

---

67   Ibid, p. 694s, avec la figure ci-dessus.

Compte tenu de ce développement et en réponse à la catastrophe de Fukushima, en 2011, le Bundestag allemand a adopté un paquet législatif complet sur la transition énergétique. « Le paquet complet comprend l'élimination progressive de l'énergie nucléaire d'ici 2022, l'expansion accélérée des énergies renouvelables, le développement des réseaux électriques et des capacités de stockage, des économies d'énergie accrues dans le secteur du bâtiment et l'introduction de la mobilité électrique. »[68]

Deutschland: Klimaschutzziele

Gruppe	Ziel (Bezugsjahr 1990)			
	2020	2030	2040	2050
Treibhausgasemissionen	−40 %	−55 %	−70 %	−80 bis −95 %
Erneuerbare Energien: Anteil am Bruttoendenergieverbrauch	18 %	30 %	45 %	60 %
Erneuerbare Energien: Anteil an der Stromerzeugung	35 %	50 %	65 %	80 %
Primärenergieverbrauch (gegenüber 2008)	−20 %			−50 %
Stromverbrauch (gegenüber 2008)	−10 %			−25 %
Endenergieverbrauch im Verkehr (gegenüber 2005)	−10 %			−40 %

Source: BMWi/BMU 2011

---

68 Ibídem, p. 700, avec la figure.

Le 3 août 2015, la radio Deutschlandfunk diffuse le titre suivant: **«Le président américain Obama veut réduire les émissions de CO2 des centrales électriques aux États-Unis avec des objectifs contraignants»**. Suivie des détails: "Il a présenté un plan de protection du climat à la Maison Blanche à Washington pour réduire les émissions d'un tiers d'ici 2030 par rapport à 2005. Obama a souligné que le changement climatique est la plus grande menace pour l'avenir de l'humanité - qui n'a qu'une seule maison et une planète. L'Environmental Protection Agency (EPA); l'Agence de Protection Environnementale a présenté les principales caractéristiques des dispositions un an plus tôt. Le chef de l'EPA, McCarthy, a qualifié l'objectif visé de «raisonnable» et «réalisable» aujourd'hui. Selon la Maison Blanche, environ 1000 centrales électriques sont touchées Aux États-Unis, dont 600 centrales au charbon. La ministre fédérale allemande de l'Environnement, Barbara Hendricks, a expliqué qu'elle se félicitait du fait que les États-Unis faisaient face au défi du changement climatique. Le nouveau plan est un signal important pour la Conférence sur le climat à Paris à la Fin de l'année. »[69]

Le lendemain, selon la radio Deutschlandfunk, Obama a appelé à des efforts accrus à l'ONU. Elle titre : **"Le président américain Obama a appelé à des efforts accrus pour protéger le climat avec le Secrétaire général de l'ONU, Ban Ki Moon"**.

---

[69] http://www.deutschlandfunk.de/programmvorschau.281.de.html?drbm:date=03.08.2015.

Le président des États Unis Obama avec Ban Ki Moon, dans le bureau ovale de la Maison Blanche. (Réf image : alliance / dpa / EPA/Dennis Brack / POOL)

Détails: « Les Nations Unies pourraient contribuer à la lutte contre le changement climatique, a déclaré Obama après la réunion à la Maison Blanche. L'ONU doit accroître la pression sur d'autres pays pour s'efforcer également de réduire les émissions nocives. La veille, le président américain a présenté un plan, selon lequel les centrales nucléaires américaines réduiront leurs émissions de gaz à effet de serre d'environ un tiers d'ici 2030. Ban Ki Moon a bien accueilli la proposition d'Obama. La génération actuelle est la dernière qui pourra s'attaquer au phénomène du changement climatique.

Plusieurs candidats à la candidature républicaine de l'élection présidentielle ont critiqué les plans et ont mis en garde contre la perte d'emplois et la hausse des coûts de l'électricité.».[70]

---

70 http://www.deutschlandfunk.de/programmvorschau.281.de.html?drbm:date=04.08.2015, avec la photo.

L'hebdomadaire "DIE ZEIT" traite du même sujet dans son numéro 32 du 06 août 2015, à la page 23: **"Gemeinsam schnell die Welt Retten"** (Sauver le monde ensemble rapidement).

Sous-titre: "Die Präsidenten Barack Obama und Xi Jinping setzen ihren Ländern echte Klimaziele. Eine einmalige Chance "(Les présidents Barack Obama et Xi Jinping ont défini des objectifs climatiques réels pour leurs pays. Une occasion unique) de Claus Hecking. Cela montre que les objectifs climatiques des États-Unis et de la Chine ne sont pas aussi ambitieux qu'ils semblent. Grâce à ses réserves de gaz de schiste, pour générer de l'électricité, les États-Unis brûlent "le gaz naturel bon marché au lieu du charbon ... Les émissions de CO_2 par KWh ne sont qu' à peu près la moitié. En 2008, les centrales au charbon produisaient presque la moitié de l'électricité des États-Unis, cette année ce ne sera qu'un tiers. Obama a raisonnablement choisi 2005 comme année de référence pour ses objectifs climatiques, et non 2015. Dès lors, l'industrie de l'énergie a réduit ses émissions de CO_2 d'environ 16%. La moitié du travail est déjà faite. Pékin a également promis que les émissions de CO_2 de la Chine diminueront après 2030, ce qui semble plus ambitieux que la réalité. La consommation nationale de charbon a déjà diminué de près de 3% l'année dernière, bien que la consommation totale d'énergie ait augmenté de 2%. En remplaçant les anciennes centrales au charbon par des réacteurs nucléaires plus efficaces, ainsi que la construction de parcs éoliens et solaires géants, les émissions de CO_2 ont déjà baissé depuis 2014 . »[71]

---

71 Hecking, Claus: Gemeinsam schnell die Welt retten , en: DIE ZEIT N° 32, 2015, Hamburg 6.8.2015, p. 23

5. Perspectives d'avenir.

Depuis le début du XXIème siècle, de nombreux phénomènes météorologiques impressionants et parfois catastrophiques ont entraîné des destructions de récoltes, des dégâts causés par des tempêtes, des inondations et des sécheresses. Même ceux qui y sont indirectement touchés le constatent, car leur assurance devient plus chère.

Cette situation s'est manifestée, de façon remarquable, avec les assureurs des compagnies d'assurance, des sociétés de réassurance telles que Munich Re, le réassureur de Munich, car les pertes assurées viennent s'ajouter à cela. Par conséquent, il n'est pas surprenant que ces institutions collaborent avec les politiciens et l'industrie pour trouver des solutions au problème climatique.

Ainsi, on a attiré l'attention sur un projet autour de la mer Méditerranée et surtout dans les zones désertiques: le développement du concept DESERTEC (de 2003 à 2007).

« Le concept DESERTEC a été développé par un réseau international de politiciens, de scientifiques et d'économistes. À partir de ce réseau TRANSMediterranéen d'Énergie Renouvelable (abréviation: TREC), la Fondation DESERTEC fut créée. Le physicien Dr. Gerhard Knies et le Prince Hassan bin Talal de Jordanie, président du Club de Rome à l'époque, ont été les moteurs de la fondation et du développement du réseau.

Les installations de recherche pour les énergies renouvelables des gouvernements du Maroc (CDER), de l'Algérie (NEAL), de la Libye (CSES), de l'Égypte (NREA) , de la Jordanie (NERC) et du

Yémen (Universités de Sana'a et Aden), ainsi que le Centre allemand de l'aérospatiale (DLR) [équivalent du CNES en France], ont joué un rôle décisif dans le développement du concept DESERTEC. Les études sous-jacentes sur DESERTEC ont été dirigées par Dr Franz Trieb, chercheur au DLR. Les études ont été financées par le ministère allemand de l'Environnement (BMU) qui, à cette époque, était dirigé par les ministres fédéraux Juergen Trittin et plus tard par Sigmar Gabriel. »[72]

Le Concept DESERTEC prévoit de générer de l'électricité propre dans le désert et de le transporter vers les centres de consommation jusqu'à 3 000 km.

« Les déserts de la terre reçoivent plus d'énergie du soleil en six heures que ce qu'en consomme l'humanité en un an. Le concept DESERTEC représente la production à grande échelle de l'énergie solaire et éolienne dans les régions désertiques du monde, combinée à un mélange intelligent du photovoltaïque, de l'hydroélectricité, de la biomasse et de l'énergie géothermique. En utilisant ces énergies renouvelables dans un réseau transnational, on peut générer suffisamment d'électricité propre pour alimenter l'ensemble de l'humanité. »[73]

Les technologies requises sont déjà disponibles et commercialisées à travers le monde.

« DESERTEC est une technologie neutre. Le concept DESERTEC intègre tous les types d'énergies renouvelables dans un super réseau transnational. Cependant, une technologie clé dans le concept DESERTEC est l'énergie solaire thermique. En tant que

---

[72] http://www.desertec.org/de/globale-mission/meilensteine/
[73] http://www.desertec.org/de/konzept/

source d'énergie contrôlable, elle est en mesure d'équilibrer les fluctuations de l'énergie éolienne et photovoltaïque. »[74]

Des exemples d'utilisation de ces technologies comprennent «la centrale thermique solaire Andasol en Andalousie (Espagne) et le parc solaire dans le désert de Mojave en Californie (États-Unis).

Dans le cas de la production d'énergie solaire thermique, l'énergie solaire est concentrée par des miroirs dans le but de chauffer l'eau. La vapeur résultante est utilisée pour entraîner une turbine de puissance classique. Contrairement à l'électricité, de grandes quantités d'énergie thermique sont techniquement plus faciles à stocker avec un faible taux de perte. Ainsi, ces futures centrales électriques peuvent fournir de l'énergie électrique à la demande même après le coucher du soleil. Une grande partie de l'énergie propre et contrôlable, dans le mélange d'énergie, stabilise le réseau et permet une utilisation plus efficace des différentes sources d'énergie telles que le vent et le photovoltaïque. Dans les régions à rayonnement solaire constant et élevé, les centrales peuvent être utilisés de manière particulièrement efficace. C'est la raison pour laquelle les régions désertiques sont des lieux de production idéaux. »[75]

---

74 Ibid.
75 Ibid, avec les photos, page suivante.

Miroir cylindro-parabolique   Le collecteur de fresnel

Centrale à tour solaire

« L'énergie propre du désert peut être transportée sur de longues distances via des lignes à courant continu haute tension. 90% de l'humanité pourrait théoriquement être alimentée en électricité propre par le désert, car ils vivent à moins de 3000 km d'un désert. Le taux de perte est estimé à 3% seulement par 1000 kilomètre, ce qui est relativement faible; les avantages d'emplacement des usines d'énergie solaire dans les déserts compensent de loin ces pertes de ligne. La Chine a déjà acquis de l'expérience dans l'utilisation de lignes de transmission à courant continu haute tension (lignes de transmission CCHD) , comme par exemple la ligne CCHD de 1418 km entre le Yunnan et le Guangdong, par exemple. »[76]

En 2008, le Plan solaire pour l'Union pour la Méditerranée (UpM) a commencé. Le plan solaire méditerranéen s'est fixé comme objectif de mettre en œuvre des projets d'énergie renouvelable d'une capacité totale de 20 gigawatts d'ici 2020.

Suite à cela, le 20 janvier 2009, la Fondation DESERTEC a été créée en tant que fondation de bienfaisance, « pour faciliter la mise en œuvre de la stratégie mondiale DESERTEC Concept de " l'énergie propre du désert "dans le monde entier. Les membres fondateurs de la Fondation DESERTEC sont l'association allemande, Club de Rome éV, membres du réseau de scientifiques TREC ainsi que des investisseurs privés dévoués et des partisans de longue date de l'idée DESERTEC. »[77]

De 2009 à 2014, les entreprises commerciales ont examiné l'efficacité et la faisabilité de la vision DESERTEC avec un résultat positif. En 2012, la société allemande de conseil Dii GmbH, initialement engagée à cet effet pendant trois ans, a déjà souligné la faisabilité économique et les avantages uniques d'un réseau d'énergie de la région UEANMO (Union Eurpoéenne Afrique du Nord Moyen Orient). Le rapport «Getting Started» (prêt pour le démarrage) de 2013 a finalement confirmé à la fois son attractivité économique et sa faisabilité technique. Les conditions techniques et énergétiques économiques pour générer de l'électricité à partir d'énergies renouvelables dans des

---
76 Ibid.
77 http://www.desertec.org/de/globale-mission/meilensteine/

conditions compétitives sont déjà en place et le transport à la fois dans la région ANMO ainsi qu'entre l'UE et la région ANMO est déjà économiquement attrayant aujourd'hui. Ainsi, les centrales à grande échelle CST (Centrale Solaire Thermodynamique), éoliennes et photovoltaïques pourraient générer de l'électricité à un coût beaucoup plus faible que les centrales électriques utilisant le fioul. La région méditerranéenne est, du point de vue de la politique énergétique, est considérée comme le centre plutôt que la frontière à long terme. La manière dont l'expansion des énergies renouvelables dans l'ensemble de la région UEANMO pourrait être rendue possible dans la perspective de l'industrie est décrite dans des recommandations claires pour l'avenir. Après avoir terminé sa mission, Dii GmbH sera exploitée en tant que société de consultation par trois entreprises à partir de 2015. »[78]

L'énergie éolienne est de plus en plus développée dans la mer du Nord. Avec le titre "Offshore-Branche schöpft wieder Hoffnung" (Le secteur offshore générant de l'espoir à nouveau) et le sous-titre "Nach Jahren der Krise zeichnet sich eine Wende ab - Siemens investier Millionen - ABB nimmt Netzanbindung à Betrieb" (Après des années de crise, il y a les signes d'un retournement - Siemens investit des millions - ABB prend en charge le réseau), Ralf E. Krueger et Christine Schultze décrivent un développement prometteur dans l'industrie de l'énergie éolienne en mer du Nord dans un article du journal Rhein-Neckar-Zeitung, du 09 août 2015.[79] Le groupe électrique et électronique Siemens construit une nouvelle usine d'éoliennes offshore à Cuxhaven. « Au cours de la première moitié de l'année, 422 nouvelles centrales éoliennes

---

[78] Ibid.
[79] Krüger, Ralf E., Schultze, Christine: Offshore-Branche schöpft wieder Hoffnung , en Rhein-Neckar-Zeitung N° 181 del 8/9 de août 2015, p. 22.

offshore d'une capacité de 1765,3 mégawatts (MW) ont rejoint le réseau, selon la société Deutshe WindGuard. En mer, à la fin de juin, 668 usines d'une capacité de 2777, 8 MW d'électricité étaient déjà alimentés. L'Europe est de loin le plus grand marché éolien offshore au monde avec une puissance installée de 8000 mégawatts. Cette semaine, le raccordement au réseau offshore Dolwin1, construite par ABB, a été mis en service et remis à l'opérateur du système de transmission allemande Tennet. L'usine de courant continu de 800 mégawatts relie les parcs éoliens offshore dans le Dolwin Cluster, à environ 75 kilomètres de la côte allemande vers les lignes de transmission du pays. »[80]

Dolwin 1 est le raccordement au réseau construit par ABB, qui, à l'origine, fournit de l'électricité à partir de quelque 160 éoliennes terrestres. Photo: ABB

---

80 Ibid, avec la photo.

De 2009 à 2013, en termes de politique, les conditions-cadres du raccordement aux éoliennes ont été vraiment négligées. aujourd'hui, cela a changé. Par coséquent, pour Siemens, le nouvel emplacement est une étape importante vers une production plus rentable. Les coûts pour la construction de parcs éoliens peuvent encore être élevés - mais la société de Munich travaille sur l'industrialisation des activités ... Cela devrait également contribuer à de meilleures gestions logistiques. Grâce à une installation portuaire bien développée à Cuxhaven, les composants lourds peuvent être chargés directement sur les navires de transport. »[81]

Au cours de l'expansion du parc éolien et des installations photovoltaïques, il s'est avéré clairement que beaucoup trop d'électricité est souvent générée lorsque le vent est très fort ou lorsque le soleil brille, ce qui, par ailleurs, entraîne des conditions anticycloniques avec accalmies. La nuit, l'électricité n'est pas disponible à partir du système photovoltaïque. Ainsi, des systèmes de stockage sont nécessaires, ce qui permet de prendre en charge l'alimentation en cas de besoin. Les systèmes de stockage les plus connus sont les bassins remplis d'eau de la vallée, retenue en cas d'excès de puissance et relâchée s'il y a trop peu de puissance, permettant aux turbines de générer de l'énergie. La capacité de ces réservoirs n'est pas suffisante.

Une autre possibilité pour stocker de l'électricité est offerte par des accumulateurs, mais ceux-ci sont trop coûteux pour les productions de masse. Une troisième possibilité pour stocker l'excès d'électricité est l'électrolyse. En utilisant ceci, l'eau est décomposée en ses composants d'hydrogène et d'oxygène. Les gaz

---

[81] Ibid.

sont ensuite stockés dans des réservoirs appropriés et, s'il y a trop peu d'énergie, ils seront combinés dans des piles à combustible, en tant qu' eau, et libèrent de l'énergie de combustion sous forme de courant électrique. Cette technologie a été testée et est actuellement développée pour une utilisation à grande échelle. La procédure de développement est décrite par Katja Scherer dans un article de l' hebdomadaire DIE ZEIT n ° 18 du 29 avril 2015, page 31. [82]

Sous le titre **"Rein ins Rohr"** (dans le tuyau), avec le sous-titre «"Wenn die Sonne scheint und der Wind weht, wird zuviel Strom produziert, sonst zu wenig. Helfen könnte das Gasnetz, wenn man es in einen Speicher verwandelt"(Lorsque le soleil brille et le vent souffle, trop d'électricité est générée, trop peu si ce n'est pas le cas. Le réseau du gaz pourrait aider s'il était transformé en un système de stockage), l'article conclut qu': "Il serait possible de stocker **50 terawatt/heures** d'électricité à partir d'énergies renouvelables d'ici 2050 - trois fois plus qu'en 2020. Ainsi, le réseau de gaz pourrait y contribuer. »[83] Un conteneur, dans le district industriel de "Francfort am Main", contient une centrale d'essai pour cette technologie d'électrolyse. Le cœur de l'installation est l'électrolyseur PEM, Membrane d'Échange des Protons. « Il permet d'extraire l'hydrogène de l'eau à l'aide d'électricité, c'est-à-dire de transformer l'énergie électrique en énergie chimiquement débordante. L'hydrogène gazeux devient ainsi une forme de stockage d'électricité. Cette procédure s'appelle l'énergie au gaz. »[84]

---

82 Scherer, Katja: Rein ins Rohr (Dans le tuyau), en: DIE ZEIT N° 18, Hamburg 2015, p. 31.
83 Ibid.
84 Ibid.

Cela permet aussi de stocker de grandes quantités d'énergie renouvelable en excès. Selon les calculs de Thüga, l'exigence de stockage pour les énergies renouvelables en 2020 sera de 17 terawatt/heure et atteindra environ 50 terawatt/heure avant 2050. Pour que le retour d'énergie fonctionne, l'Allemagne a besoin de procédures à long terme pour stocker l'énergie générée par les énergies renouvelables sources. Le réseau actuel de fournisseurs de gaz devrait fournir de l'aide: sa capacité annuelle selon Thüga est quatre fois supérieure à l'exigence en 2050. Avec l'aide de l'énergie au gaz, elle pourrait absorber de l'énergie, qui normalement ne serait pas utilisée, comme une éponge, puis la relacher quand il y a trop peu de réseau électrique. »[85]

Cependant, il existe des conditions strictes pour alimenter le réseau de gaz naturel de Francfort: la proportion d'hydrogène dans le réseau de gaz ne doit pas dépasser deux pour cent selon la loi. Il s'agit d'empêcher une station de remplissage de gaz naturel quelque part à Francfort d'exploser soudainement, car l'hydrogène est très inflammable. « Il existe une autre option, celle du processus de puissance à gaz, qui transforme encore l'hydrogène en méthane, présentant des propriétés chimiques similaires à des gaz conventionnels et peut donc être conduit dans le réseau de gaz sans restriction. »[86]

« Les véhicules à gaz naturel pourraient également être alimentés par le méthane obtenu à partir d'énergies renouvelables ... Le test de pratique est déjà en cours: depuis 2013, le constructeur Audi a eu une usine pilote à Werlte, en Basse-Saxe. »[87]

---

85 Ibid.
86 Ibid.
87 Ibid, avec l'image.

Faire du gaz à partir de l'électricité: c'est l'idée de la nouvelle technologie. Ici, une usine de démonstration dans les locaux de Mainova AG à Francfort.

Les concepts de moteur alternatifs sont disponibles à partir de septembre de cette année (2015) : en utilisant le concept de reconversion de l'hydrogène en énergie d'entraînement avec un niveau d'efficacité beaucoup plus élevé, comme par exemple la voiture de Toyota à combustible purement pilotée par l'électricité. Cependant, il existe très peu de stations de remplissage d'hydrogène pour les clients privés, mais plus adapté aux clients publics comme les compagnies de taxi et les services municipaux. À plus grande échelle, la technologie des piles à combustible semble encore trop coûteuse.

Aux Émirats arabes unis, le développement plus vaste d'une économie d'énergie a déjà vu le jour. La cité de Masdar est un projet de construction de ville-type dans l'Emirat d'Abu Dhabi qui a débuté en 2008..[88]

La ville, en cours de construction encore, sera entièrement approvisionnée en énergie renouvelable. Les installations de dessalement d'eau doivent fonctionner à l'énergie solaire. La consommation totale d'énergie de la ville ne représentera qu'un quart de la consommation habituelle par habitant du pays. L'approvisionnement en énergie doit être totalement sans production de dioxyde de carbone. « Masdar est construite à environ 30 kilomètres à l'est de la capitale de l'Émirat et près de l'aéroport international d'Abu Dhabi, à l'ouest. Cet ambitieux projet d'une superficie de six kilomètres carrés est conçu pour 47 500 habitants, environ 1500 entreprises et des instituts du secteur écologique. Aucun point de la ville ne sera à plus de 200 mètres d'un arrêt de transport public. L'initiative est dirigée par (ADFEC) Abu Dhabi Future Energy Company; (Société d'Energie future d'Abou Dhabi) et le cheikh Mohammed bin Zayid Al Nahyan. Lancé en 2006, le projet prévoyait l'installation des premiers habitants à partir de 2016 ... Toutefois, au printemps 2010, des retards et des problèmes financiers ont été signalés par divers médias. Les travaux de construction ont perdu le rythme et la détermination, car la nouvelle date d'achèvement de l'ensemble du projet est prévue pour 2025. »[89]

Masdar accueillera également une nouvelle université, la première au monde, « entièrement dédiée au développement écologique

---
88 http://masdar.ae/
89 https://de.wikipedia.org/wiki/Masdar

durable sur la base des énergies renouvelables. Les premières installations universitaires ont déjà été transférées depuis 2009, un tiers des étudiants vivent déjà dans la région de Masdar, participent à l'urbanisme et à la construction dans le cadre de leurs études. On s'attend également à ce que les entreprises basées à Masdar, dans le cadre de leurs institutions, auront acquis une nouvelle expérience au cours des projets de construction, dans le domaine des procédures technologiques spécifiques ou bien elles généreront de nouvelles connaissances écologiquement utilisables qu'elles pourront commercialiser sur le marché mondial croissant du développement durable. »[90]

À Masdar, l'approvisionnement en énergie sera assuré par sa propre centrale solaire et son parc éolien. Il n'y aura pas de véhicules à combustibles fossiles. Ils doivent rester en dehors de la ville. Le transport des passagers se fera sous forme de transport en commun électrique.

« Le transport homogène dans la cité-type doit être fourni par diverses formes coordonnées de transport en commun, chacune devant être affectée à un niveau. Dans le métro de Masdar et de deux autres quartiers de la ville d'Abu Dhabi, les Réseaux locaux de Transport urbain Personnel (Les réseaux RTP) doivent être installés par la société néerlandaise 2getthere. Le projet exige un transport individuel électriquement motorisé, par lequel l'utilisateur entre dans un taxi (en forme de cabine) automatisée sans avoir à attendre et va à la destination qu'il détermine lui-même ... Depuis août 2011, le système a été testé dans la ville de Masdar en utilisant dix cabines, en incluant dans le programme une utilisation distincte du transport de marchandises. Les

---

90 Ibid.

utilisateurs entrent ou sortent des taxis aux arrêts sécurisés par des portes séparées et se déplacent à bord des taxis le long des principales bandes au niveau du sol, à une vitesse allant jusqu'à 40 km/H le long du pont de transport.

Par conséquent, Masdar sera la première ville au monde à utiliser un réseau RTP pour une ville sans voiture. Aucun véhicule n'est autorisé à circuler dans les rues (au niveau du sol), appelé aussi «niveau du podium». Ce sera réservé aux piétons et aux cyclistes uniquement. À un niveau supérieur, on prévoit un chemin de fer élevé (Light Rail Transit, LRT), qui reliera Masdar à d'autres parties de la ville et à l'aéroport. En outre, un train régional est également prévu en dessous du niveau PRT. »[91]

Poste de stationnement des véhicules sans conducteur.

« Selon les plans initiaux, la Cité de Masdar devait être achevée d'ici 2016. Cependant, depuis janvier 2010, la date d'achèvement final a été repoussée au moins jusqu'en 2025. Seul le sous-projet de base urbaine peut fonctionner en 2016. La raison officielle donnée est celle de la prise en compte de nouvelles technologies.

---

91 Ibid, avec l'image.

Depuis mai 2009, l'Institut Masdar de Sciences et Technologies, siégeant au quartier général de l'Écocité, a ouvert ses portes au début du semestre 2010/2011 avec 170 étudiants postuniversitaires sélectionnés individiduellement. En dehors de cela, il n'y a pratiquement pas eu de progrès dans la construction en raison de la crise financière. Ainsi, les offres pour la construction d'appartements et de bureaux, par exemple, n'ont pas encore été attribuées. On dit également au sein de l'entourage du projet que sa majeure partie d'urbanisme a été suspendue. Le principal obstacle est l'insuffisance de sécurité dû au leadership autocratique du pays. Les accords peuvent être révoqués à tout moment par la famille princière. »[92]

Dans le livre de Sven Plöger "GUTE AUSSICHTEN FÜR MORGEN" (De meilleures perspectives pour l'avenir) avec le sous-titre "Wie wir den Klimawandel für uns nutzen können" (Comment pouvons-nous manier le changement climatique à notre faveur) »[93], ce qui en vaut la peine de le lire, ce problème n'a pas encore été abordé. Mais le développement se poursuit :

« **L'Agence Internationale pour l'Énergie Renouvelable** (abréviation: **IRENA**) est une organisation intergouvernementale internationale qui vise à promouvoir l'utilisation globale et durable des énergies renouvelables dans le monde entier.

Son siège social sera, à l'avenir, dans l'Écocité de Masdar, aux Émirats arabes unis. En janvier 2015, 138 États et l'Union européenne sont devenus membres de l'IRENA et 35 autres ont

---
92 Ibid.
93 Plöger, Sven: GUTE AUSSICHTEN FÜR MORGEN (De meilleures perspectives pour l'avenir), Frankfurt am Main und München, 2ème Edition 2010, p. 295s.

demandé leur adhésion ... Le Statut de l'organisation est entré en vigueur le 8 juillet 2010, au trentième jour après la vingt-cinquième ratification (article XIX lit. D du Statut ...).

Depuis le 3 avril 2011, le Kenyan, Adnan Z. Amin a été nommé directeur général de l'IRENA ... Amin avait agi en tant que directeur intérimaire depuis quelques mois auparavant, après la démission inattendue de son prédécesseur, Hélène Pelosse qui est restée moins de six mois à la direction. Avec l'AIE, l'IRENA accorde une énorme importance aux questions énergétiques en général, ainsi qu'aux thèmes concernant les énergies renouvelables en particulier. »[94]

---

[94] https://de.wikipedia.org/wiki/Internationale_Organisation_für_erneuerbare_Energien

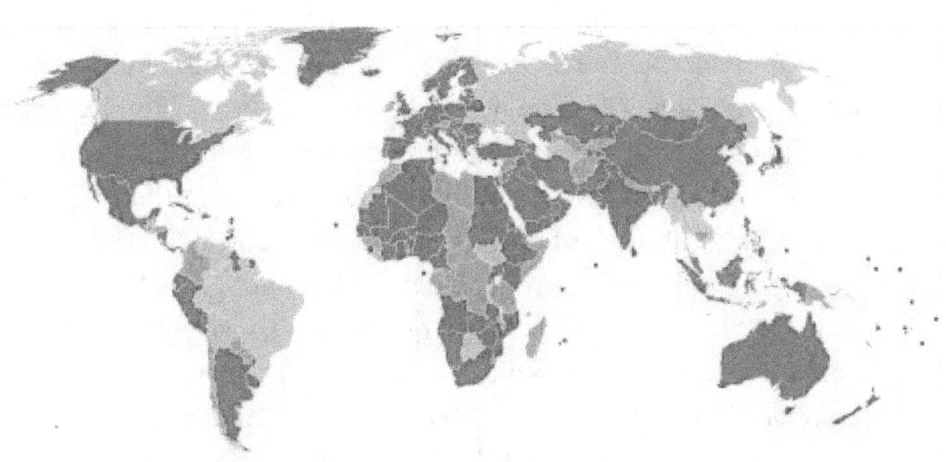

En bleu: Pays ayant signé l'accord sur l'Agence internationale pour l'énergie renouvelable. En vert: Pays ayant signé et ratifié l'Accord, à compter du 17 janvier 2015.

« IRENA a été fondée le 26 janvier 2009 après la signature de son Statut par 75 États à Bonn ... Lors de la première réunion de la Commission préparatoire, l'organe temporaire par lequel IRENA a été incorporé jusqu'à la 25ème Ratification du Statut, les États signataires ont approuvé les règles et la procédure de sélection du directeur général provisoire ainsi que le siège d'IRENA. En outre, les membres ont été appelés à nommer leurs candidats et à présenter des candidatures pour le siège et le directeur général. Lors de la deuxième réunion de la Commission préparatoire les 29 et 30 juin 2009 à Sharm El Sheikh (Egypte), le siège et le Directeur général ont été désignés, et après laquelle le siège d'IRENA devait être à Abu Dhabi, le siège du Centre de l'Innovation et de Technologie devait être établi à Bonn, ainsi qu'un bureau de liaison et de contact dans le cadre de l'énergie et d'autres institutions internationales au siège des Nations Unies à Vienne. Un siège, un Directeur général et un Comité de direction ont été désignés et devaient préparer le contenu de la deuxième réunion d'ici là. D'autres points sont incluses à l'ordre du jour en Égypte, tels que l'adoption d'un programme de travail, du budget, ainsi que la charte financière et des personnels d' IRENA; ces derniers devaient d'ailleurs postuler pour la phase de transition de 2009 à 2010. Trois ans après sa création, l'organisation prend de l'ampleur par la croissance rapide des adhésions. Diverses analyses et documents, montrent qu' IRENA a rassemblé des données complètes sur l'expansion globale des énergies renouvelables. En plus de l'aperçu de la situation des coûts des énergies renouvelables en 2012, l'Atlas mondial devient particulièrement important et doit être élargi et complété au cours des prochaines années. Cela fournit des informations aux investisseurs sur le potentiel des sources d'énergie renouvelables dans divers pays. Il existe déjà une stratégie de renforcement des capacités, c'est-à-dire le transfert de l'information, de l'éducation et de la formation en matière d'énergies renouvelables. »[95]

La stratégie politique est donc obligée d'éviter un trop grand réchauffement climatique. Cela a également été clairement reflété lors du dernier Sommet du G7 qui a eu lieu en Garmisch-Partenkirchen dans la municipalité de Krün à Elmau Castle. Le 07 et 08 juin 2015, les chefs d'État des États-Unis, du Japon, du Canada et des quatre pays européens, la France, la Grande-Bretagne, l'Allemagne et l'Italie se rencontrent pour discuter des problèmes les plus pressants des événements mondiaux.

L'hebdomadaire, DIE ZEIT, écrit dans son commentaire du 8 juin 2015 à 20h26 sous le titre **"Elmau-Gipfel Die G7 allein können es nicht richten"** (à Elmau, les G7 ne peuvent pas faire seuls le

---
[95] Ibid, avec la carte.

sommet)⁹⁶ et le sous-titre: "Die Lenker Der sieben großen Industrieländer treffen dans Elmau viele, Zum Teil Vage Vereinbarungen. Ein Kommentar von Carsten Luther. Schloss Elmau." (Les dirigeants des sept principaux pays industriels ont conclu de nombreux accords assez vagues à Elmau. Mais ils ne peuvent que les accepter ensemble. Un commentaire de Carsten Luther. Elmau Castle. »⁹⁷

Les participants du G7 dirigés par Angela Merkel à travers la prairie de fleurs devant le château d'Elmau © Christian Hartmann / Reuters.

---

96 http://www.zeit.de/politik/deutschland/2015-06/g7-ergebnisse-kommentar
97 Ibid, avec la photo.

« D'autres forums du club de sept ont suivi leur cours, dans lesquels la Chine, les pays émergents et la Russie qui ont été exclus à Elmau, ont été représentés. Comment répondre aux changements climatiques, comment progresser et financer les objectifs de développement des Nations Unies, comment faire des démarches pour la paix en Ukraine, en Syrie et au Moyen-Orient et comment supprimer le terrorisme? Comment assurer une croissance durable qui ne coûte ni aux populations ni à l'environnement? Presque tous les problèmes auxquels le monde est confronté ont été abordés lors de ce sommet. Tout cela continuera à être discuté - et bien d'autres, si quelque chose se produira. Des réponses plus concrètes aux défis mondiaux que ceux de cette réunion joyeuse à Elmau sont encore à prévoir dans le contexte du G 20 et bien d'autres entretiens. » [98]

« Par exemple, dans le cas du changement climatique: cela ne veut pas dire que les dirigeants des États du G7 ont seulement confirmé leur volonté de limiter le réchauffement climatique à deux degrés par rapport à l'ère préindustrielle ou s'ils tentent d'éliminer les combustibles fossiles entièrement "au cours du siècle". Ce n'est qu'une étape, qu'un plus petit dénominateur commun : Préparer le terrain pour la Conférence des Nations Unies sur le climat à Paris en décembre ... Plutôt, si les sept promettent de l'argent, quelque chose peut être fait: avec l'engagement de compléter le fonds de protection climatique, précédemment prévu, qui vaut des milliards pour les pays en développement - on ne peut agir pour cela que lorsqu'il est vraiment financé ... Et pourtant, cette version n'est pas un anachronisme à un moment où tous les problèmes sont universels. La séance tenue à Elmau n'est pas celle d'un groupe de

---

[98] Ibid.

pays qui détermine l'ordre mondial seul, pourtant ils ont encore des responsabilités s'ils le veulent. Ce que les sept acceptent ici, dans le dialogue basé sur des partenariats, peut progresser grâce à une voix commune dans les plus importants G-20 ou dans les rouages de l'ONU. Ils peuvent se convaincre et agir en tant que pionniers en ce qui concerne de nombreuses questions. »[99]

La protection du climat n'est manifestement plus qu'un mot de passe, mais concerne de plus en plus la population mondiale face à des conditions climatiques de plus en plus violentes et à des catastrophes environnementales. Les conséquences du changement climatique sont maintenant bien prouvées. "En raison de la longue période de conservation des gaz à effet de serre dans l'atmosphère (CH_4: 12 ans, CO_2: 120, SF_6: 3200), le climat continuera à se réchauffer au cours des prochaines décennies. Le taux d'élévation de la température et les impacts climatiques associés dépendront de si et dans quelle proportion les émissions pouvant être réduites par les humains. Pour son rapport d'étape le plus récent, publié en 2013, le GIEC a évalué quatre scénarios, chacun avec des concentrations de gaz à effet de serre se développant différemment. Selon le scénario du réchauffement au XXIème siècle dans le meilleur des cas, il sera de 0.8 ° C et dans le pire des cas jusqu'à 4.8 ° C.

Ce réchauffement climatique entraîne **une augmentation du niveau de la mer**: selon le dernier rapport du GIEC, de 1901-2010 en moyenne de 1,7 mm par an, de 1993 à 2010, de 3,2 mm par an. Au cours du XXIème siècle, le niveau de la mer pourrait augmenter de 26 à 82 cm en fonction du scénario, de sorte que

---

[99] Ibid.

l'augmentation de 3055% de la dilatation thermique des océans serait responsable du fond de la fonte des glaciers.

La glace aux deux pôles a reculé à un rythme élevé, de façon inattendue, au cours des dernières années. Selon le plus récent rapport du GIEC, de 1992 à 2001, la calotte glaciaire du Groenland a perdu 34 milliards de tonnes par an et de 2002 à 2011, 215 milliards de tonnes par an. La couverture de la glace dans la mer de l'Arctique a atteint son niveau record négatif en 2012. En 2013, la limite de la banquise compacte nord russe (plus de 90% de couverture de glace), dite "Franz Josef Land" et de l'archipel de Severnaja Semlja a reculé depuis le 88ème parallèle pour la première fois depuis le début des mesures satellitaires. En été 2014, la glace fondue était également supérieure à la moyenne mesurée entre 1981 et 2010. La neige et la glace étaient également plus sombres qu'en 2013, ce qui a accéléré la fonte, car en fonction de la couverture de neige, la glace dans la mer reflète la lumière du soleil entre 60 % et 90% (l'effet d'albédo), tandis que la neige sombre et les surfaces de glace l'absorbent à 90%. Cela chauffe l'eau de mer. Cela ne favorise pas seulement la fonte des glaces, mais aussi la libération des gaz à effet de serre, du méthane, des sédiments marins. Les chercheurs du climat appellent ces effets une réaction positive.

Dans l'Antarctique, la fonte des glaces a augmenté de cinq fois, passant d'un chiffre annuel de 30 milliards de tonnes, entre 1992 et 2001, à 147 milliards de tonnes par an entre 2002 et 2011. Au printemps 2014, la couche de glace de l'Antarctique Ouest a atteint **un point de basculement** décisif : la fonte a entraîné une déstabilisation supplémentaire qui accélère la fonte et rend l'effondrement de la nappe de glace irréversible, selon les résultats de plusieurs études scientifiques. **La fonte des glaciers de montagne** s'est également accélérée ces dernières années. Selon le plus récent rapport du GIEC, de 1971 à 2009, en moyenne, 226 milliards de tonnes de glace ont été perdues par an, de 1993 à 2009, la perte a augmenté jusqu'à 275 milliards de tonnes par an. À long terme, le manque de glaciers dans les vallées montagneuses peut entraîner des pénuries d'eau. En Asie, contrairement à l'Europe centrale ou à l'Amérique du Nord avec leurs précipitations d'été, cela affecterait les régions sèches où elles sont presque exclusivement alimentées en eau venant de la fonte des glaciers, ce qui a un impact dans les plaines; par exemple dans l'actuel bassin versant du glacier des montagnes du Pamir.

Comme une atmosphère plus chaude absorbe plus d'humidité et contient plus d'énergie globale, les chercheurs du climat s'attendent à un **bouleversement extrême des conditions météorologiques.** Dans l'hémisphère nord, un deuxième effet apparaît également : le changement climatique affecte le jet-stream, le long duquel l'air global coule dans les latitudes moyennes. En fonction de l'emplacement, il tire de l'air tropical vers le nord ou de l'air arctique vers le sud. Si le jet-stream devait "devenir actif ", cela entraînerait des conditions météorologiques extrêmes au sol. Une enquête menée en 2014 par l'Institut allemand Potsdam pour la recherche sur l'impact climatique (PIK), a montré que ce phénomène s'est produit presque deux fois plus souvent qu'avant l'an 2000.

Les pays les plus pauvres du monde sont les plus touchés par les conséquences du changement climatique. Selon une étude réalisée à la fin de 2012 par PIK, pour la Banque mondiale, l'augmentation prévue de la température de 4°C d'ici 2100 aura un impact particulièrement violent sur les régions tropicales. D'après cette étude, la hausse attendue du niveau de la mer autour de l'équateur sera 1520% plus grave qu'ailleurs; ce qui augmente davantage les risques de production des tempêtes tropicales et d'inondations plus intenses. La température moyenne future sera supérieure au niveau actuel des vagues de chaleur. Les sécheresses et les récoltes seront plus fréquentes et plus graves. »[100]

La protection du climat assurera ainsi une protection de la population mondiale en cas de changement climatique extrême. Rappelons les mesures politiques mondiales à ce jour". Dans la Convention-cadre de 1992 sur les changements climatiques signée pendant la Conférence de la Terre à Rio de Janeiro (Brésil), 152 États ont formulé l'objectif commun de "stabiliser les concentrations de gaz à effet de serre dans l'atmosphère pour atteindre un niveau auquel une interférence anthropique dangereuse dans le système climatique est empêchée". La Convention-cadre sur les changements climatiques est entrée en vigueur le 21/03/1994 et a été ratifiée jusqu'en mai 2015 par 195 États et l'UE. Lors de la Conférence mondiale sur le climat à Cancun (Mexique) à la fin de 2010, cet objectif a été concrétisé pour la première fois: selon ce cas, le réchauffement devrait être limité à $2°C$ par rapport aux niveaux préindustriels d'ici 2100. Pour atteindre cet objectif, selon le dernier rapport du GIEC, les émissions cumulées de CO_2 ne doivent pas dépasser 2900 milliards de tonnes. Cependant, 69% de cette quantité a déjà été émise depuis le début de l'industrialisation.

---

100 Der neue Fischer Weltalmanach 2016, p. 694s

Selon le GIEC, **l'objectif de deux degrés** ne peut être atteint que si la concentration de CO2e dans l'atmosphère est de 450 ppm en 2100. Selon le GIEC, grâce à des mesures appropriées de protection du climat, des diminutions de la consommation énergétique, en moyenne de 1,7% en 2030, de 3,4% en 2050 et de 4,8% en 2100 sont à prévoir; Les effets économiques positifs des mesures de protection du climat, dans les domaines de la santé et de la prévention de la pollution atmosphérique par exemple, ne sont pas inclus dans ce calcul. Le retard de ces mesures entraînerait des coûts plus élevés à long terme. Le rapport sur les lacunes du Programme des Nations Unies pour l'environnement (PNUE), publié chaque année depuis 2011, fixe **deux degrés** pour respecter **l'objectif** du budget de CO2. En fonction de cela, de 2055 à 2070, la neutralité du CO2 doit être réalisée, c'est-à-dire que les émissions doivent être compensées par les puits de carbon. De 2080 à 2100, les émissions doivent être réduites à zéro. »[101]

La Conférence mondiale sur le climat à Lima en 2014 a été une escale importante sur le chemin du sommet sur le changement climatique qui se tiendra à Paris en décembre 2015. « Lors de la Conférence mondiale des Nations Unies sur le climat à Lima (Pérou) du 1er au 14/12/2014, les représentants de 195 pays et l'UE continuent à travailler le texte de l'accord qui sera adopté à Paris en décembre 2015 et entrera en vigueur en 2020. La forme juridique que l'accord devait prendre est restée ouverte. L'argument principal était l'équilibre entre la réduction des émissions et l'adaptation à cette réduction. Le document final a souligné que cette dernière devrait jouer un rôle plus important

---
101 Ibid, p. 695s.

dans le futur, ce qui a été l'une des principales préoccupations des pays en voie de développement.

Les représentants des organisations indigènes de l'Amazonie brésilienne lors de la Conférence mondiale sur le climat à Lima.

En même temps, il a été décidé que tous les États devaient appliquer leurs contributions programmées à la protection du climat dès que possible. Un autre élément clé était celui de la répartition des engagements entre les États. En effet, le protocole de Kyoto n'était obligatoire que pour les pays industrialisés. Ces derniers (avec l'UE) plaident aujourd'hui pour que cette caractéristique soit abandonnée au profit de l'obligation en fonction de la capacité économique des États; cela concernerait des pays émergents comme le Brésil ou la Chine. Plus de 10 milliards de dollars ont été versés dans le Fonds vert pour le climat, qui consiste à soutenir les pays en voie développement en matière de protection et d'adaptation climatiques. » [102]

Il est à présent admis, scientifiquement et collégialement, que les forêts sont parmi les puits de carbone les plus importants. Ainsi, il faut faire quelque chose pour les protéger. « Malgré de nombreux efforts, **il n'existe pas encore de convention mondiale sur la protection des forêts**. Le Forum des Nations Unies sur les Forêts (FNUF), mis en place en 2000, a approuvé un accord international sur les forêts en 2007. Bien qu'il ne soit pas obligatoire en vertu du droit international, il a été reconnu comme le premier accord global sur la protection des forêts. Pour la première fois, les critères de gestion durable des forêts ont été définis de manière complète et uniforme. À la 11ème séance du forum du 04 au 15/05/2015, les débats se sont concentrés sur l'organisation et les travaux futurs du forum. Un groupe de travail a été créé pour élaborer une stratégie pour 2017 jusqu'à 2030 et un plan de travail quadriennal, de 2017 à 2020 soutenu par des experts.

Indépendamment du processus international, de nombreux pays ont amélioré la protection de la forêt. Selon la FAO (Organisation des Nations Unis pour l'Alimentation et l'Agriculture), environ 12% des forêts dans les zones protégées sont consacrées à la conservation de la diversité biologique, la superficie a augmenté de 1,9% par an entre 2000 et 2010.

De nouvelles incitations à préserver les forêts sont à prévoir dans l'accord climatique international qui doit être négocié fin 2015. Sous le nom REDD (Réduction des Émissions à travers la Déforestation et les Dégâts), la protection des forêts a déjà été

---

[102] Ibid, p. 696, avec la photo.

fixée comme objectif lors de la Conférence des Nations Unies sur le changement climatique à Bali en 2007. Les pays les plus pauvres devraient, dans le cadre de ce régime, recevoir une compensation financière s'ils protègent leurs forêts tropicales. Plus tard, le programme a été étendu pour inclure la gestion durable des forêts (REDD +). »[103]

Depuis plusieurs années, des images satellites montrent que la glace dans l'Arctique fond plus rapidement en été qu'il ne devrait l'être selon des calculs scientifiques basés sur le précédent réchauffement climatique. Depuis 2012, des robots, sous forme de bouées, ont été utilisés pour effectuer des mesures dans la mer de l'Arctique et, entre temps, ont découvert qu'il existe maintenant un effet de réaction positive pour ces résultats: « Même dans les années les plus chaudes, l'Arctique au printemps est toujours sous un bouclier de glace. Mais vers la fin de l'été, la superficie de l'eau est deux fois plus grande que la mer Méditerranée. Plus cette zone est étendue, plus la durée du vent est longue, ce qui entraîne des vagues plus élevées: le vent entraîne l'eau devant lui plus loin et plus longtemps, ce qui rend la masse d'eau d'autant plus puissante.

Si la mer est sans glace, sa surface absorbe plus de lumière solaire. Cela réchauffe l'eau, chauffe l'air et intensifie ainsi la force du vent. Les vagues générées par ce phénomène peuvent ensuite détacher des zones de glace de la taille de l'Allemagne en quelques jours. Cela génère plus d'eau libre proche des latitudes polaires, ce qui favorise la formation de vagues encore plus grandes. On ne sait pas exactement à quelle échelle des facteurs particuliers contribuent-ils à cette boucle de rétroaction négative qui détruit la glace. Il faut aussi se demander dans quelle mesure

---
103 Ibid, p. 699.

les vagues retardent l'arrivée du gel en automne. Afin de mieux assimiler ces relations, une meilleure compréhension de l'interaction entre les vagues et la glace de mer est nécessaire. »[104]

La fonte de la glace arctique, cependant, ne contribue pas à l'élévation du niveau mondial de la mer. Ce problème est causé par la fonte des glaciers sur le Groenland et les hautes montagnes. À cela s'ajoute l'amincissement progressif de la couche de glace de l'Antarctique. L'effet est clairement expliqué dans un article de l'hebdomadaire allemand DIE ZEIT: **" Wir lassen sie nicht untergehen"** (Nous ne vous laisserons pas tomber) avec le sous-titre "Warum der Pariser Gipfel den Durchbruch im Kampf gegen den Klimawandel bringen könnte" (Pourquoi la Conférence de Paris pourrait-elle apporter l'avancée dans la lutte contre le changement climatique), un article de Claus Hecking.[105]

L'article est introduit par une photo frappante:

---

[104] Harris, Mark: Wellen als arktische Eisbrecher. En: Spektrum der Wissenschaft, Octobre 2015, p. 72s.

[105] Hecking, Claus: Wir lassen sie nicht untergehen (Nous ne ils laisserons pas tomber). En: DIE ZEIT N° 39 de 24.09.2015, p. 26, avec l'image (extrait).

La légende se lit : "Mädchen vor der Küste der indischen Insel Ghoramara, die vom **Untergang** bedroht ist". (Une fille sur la côte de l'île indienne de Ghoramara qui est menacée de naufrage). »[106]

Les plus grands émetteurs de CO_2 dans le monde
(en millions de tonnes).

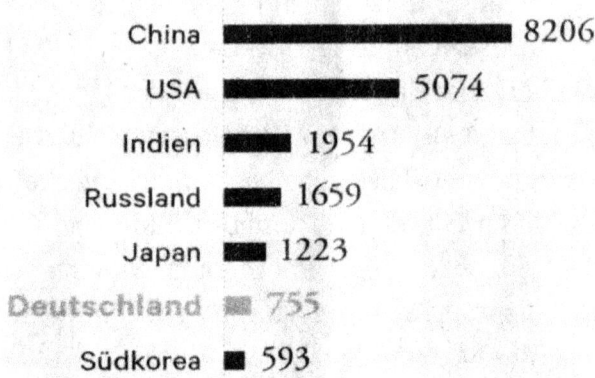

Graphique **ZEIT**/Source: IEA 2012

Émission globale de CO_2, issue des combustibles fossiles
en milliards de tonnes.

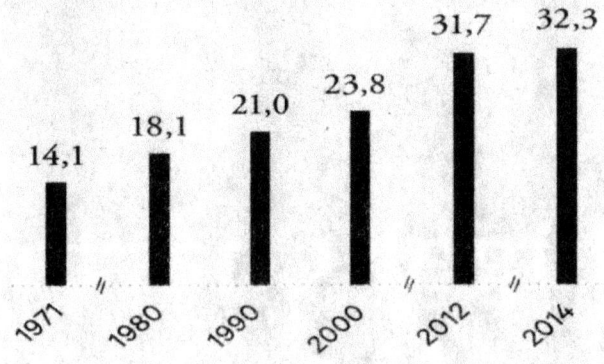

Graphique **ZEIT**/Source: AIE

---

[106] Ibid, avec les graphiques en barres.

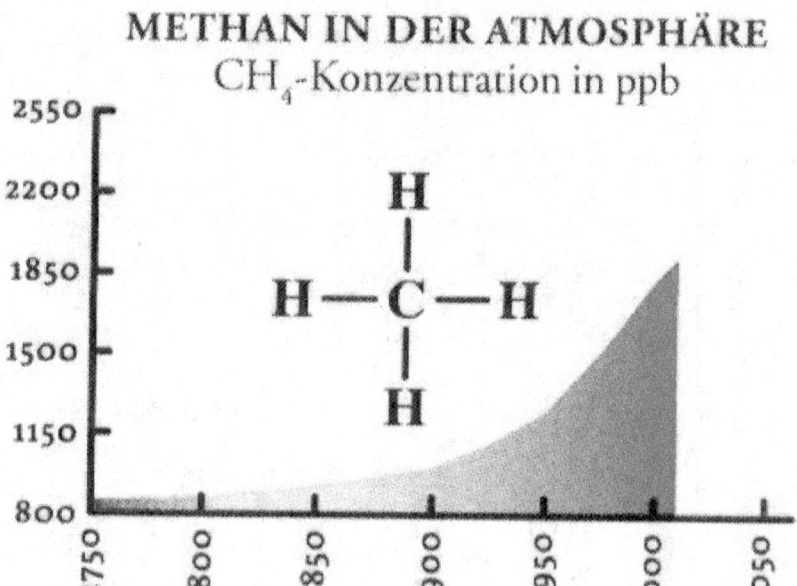

La Société des chimistes allemands (GDCh) a publié une contribution spéciale de 24 pages sur le thème "La planète humaine" dans le magazine "Spektrum der Wissenschaft" en octobre 2015. »[107]

Entre autres, les émissions de gaz nuisibles au climat depuis 1750 sont éclairées : La précédente figure montre l'augmentation de la concentration de méthane dans l'atmosphère jusqu'en 2014. La courbe suivante montre l'augmentation de la concentration de dioxyde de carbone pendant la même période:[108]

---

[107] GDCh (Edit.) Frankfurt am Main 2015. En: Spektrum der Wissenschaft, octobre 2015, derrière la page. 86.
[108] Ibid, p. 5, avec la courbe.

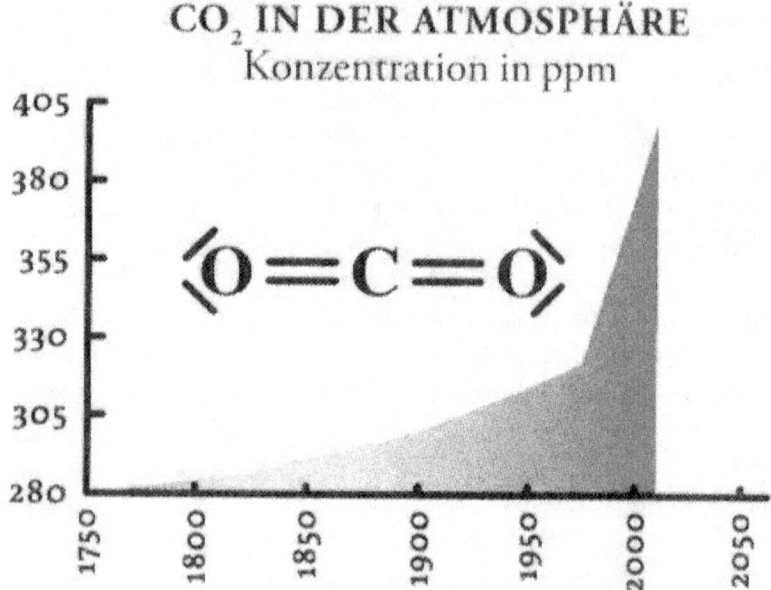

L'article "DIE ENERGIEREVOLUTION" (La Révolution de l'Energie) avec le sous-titre « Um die katastrophalen Folgen des Klimawandels abzuwenden, müssen wir bis Ende des Jahrhunderts CO2 neutral wirtschaften. Experten sind überzeugt: Das geht! »[109] (Afin d'éviter les conséquences catastrophiques du changement climatique, nous devons avoir une économie neutre en CO_2 d'ici la fin du siècle. C'est possible!), en expliquant clairement la situation:

« Les fondements d'une économie à faible émission de carbone sont déjà en place, les technologies pertinentes sont disponibles. D'après l'économiste américain, conseiller politique et publicitaire, Jeremy Rifkin, la révolution énergétique est à portée de main aussi.

---
109 Ibid, p. 14.

Cependant, ce qui est important ici, c'est que les conditions de cadre politique changent en Europe, aux États-Unis et dans de nombreux pays émergents et que des investissements sont fournis à ce but. Manifestement, l'idée que cela doit exister est déjà là. Au sommet des pays du G7 dans le château d'Elmau, les chefs d'État et de gouvernement ont au moins accepté, au cours du XXIe siècle, d'abandonner les énergies fossiles et d'obtenir une «décarbonisation» de l'économie mondiale. L'AIE estime que les États et les entreprises devront investir 20 milliards de dollars dans le monde entier dans de nouvelles infrastructures et systèmes d'approvisionnement en énergie d'ici 2030. Seuls onze mille milliards seraient en outre nécessaires pour maintenir les changements climatiques dans les limites en utilisant les énergies renouvelables.

Par conséquent, Jeremy Rifkin est également convaincu que la «Troisième révolution industrielle» réussira: «Au XXIème siècle, des centaines de millions de personnes vont générer leur propre énergie verte - dans leurs maisons, leurs bureaux et leurs usines - et la partageront avec d'autres grâce à des réseaux d'énergie intelligents; des inter-réseaux, tout comme les gens conçoivent aujourd'hui leur propre information et la partagent avec d'autres par Internet » »[110]

Cette déclaration recommande une participation collective aux actions précitées afin d'éviter la multiplication des coûts. Si nous aimons nos enfants, petits-enfants et arrière-petits-enfants, le proverbe bien connue «Après nous, le déluge», nous méprise. Mieux vaut participer à façonner le futur !

---

[110] Ibid, p.17.

6. La Conférence sur le climat à Paris 2015.

Dans le sens d'améliorer activement le futur, la Conférence sur le climat a eu lieu à Paris du 30 novembre au 12 décembre. Plus de 150 chefs d'État et de gouvernement se sont réunis le 30/11/2015 pour discuter de la façon dont le réchauffement climatique pourrait être maintenu dans les limites.

La photo de groupe montre un plus grand nombre de leaders de ces états.[111]

Sur l'émission de Tagesschau à 17h00 le 30/11/2015, Lorenz Beckhardt, correspondant d'ARD à Paris a déclaré ce qui suit : "Nous déciderons plusieurs décennies en quelques jours" selon François Hollande. Le changement climatique affecte non seulement la vie sur terre, il déclenche également des conflits: "Cette conférence sur le climat porte sur la paix", a souligné le chef de l'État français.

Hollande a attiré l'espoir des premières déclarations d'intention. Plus de 180 pays avaient déjà émis des déclarations nationales d'intention à la veille de la Conférence sur le climat de Paris.

---

111 http://www.tagesschau.de/ausland/klima-gipfel-auftakt-103.html

Mais ces intentions doivent maintenant devenir des actions, selon l'hôte. »[112]

« La chancelière Angela Merkel a lancé une exhortation pour parvenir à un accord climatique global et contraignant durant la Conférence des Nations Unies sur le changement climatique. Limiter le réchauffement climatique est une" question du futur de l'humanité ", a-t-elle déclaré au Bourget à Paris. Depuis bien longtemps, il existe "une opportunité de parvenir à un accord sur nos objectifs pour la première fois ". Des méthodes de mesure transparentes doivent assurer que les efforts promis en matière de protection du climat soient également vérifiables. Tous les cinq ans, les engagements pris par les différents États devraient être révisés. Fixer des dates ne suffit pas pour atteindre l'objectif de deux degrés. Cela devrait commencer idéalement avant 2020, lorsque le nouvel accord entrera en vigueur. Merkel a confirmé l'objectif allemand de réduire les émissions de 40% d'ici 2020 par

---
[112] Ibid

rapport à 1990 et de 80 à 95% d'ici 2050. "L'Allemagne fera sa contribution", a promis la chancelière. »[113]

« La chancelière allemande Angela Merkel a exigé que les pays riches tiennent leur engagement financier en particulier pour les pays pauvres et spécialement les plus vulnérables parmi eux, en leur fournissant 100 milliards de dollars par an à partir de 2020 pour la protection du climat et la gestion des impacts du changement climatique. Les principales nations économiques et les investisseurs du secteur privé ont déjà pris des engagements financiers au préalable:

- l'Allemagne, la Norvège et le Royaume-Uni souhaitent accroître leurs financements pour la protection des forêts jusqu'à **un milliard de dollars par an** d'ici 2020. Entre autres, le Brésil, la Colombie et l'Éthiopie pourraient en bénéficier. " La protection des forêts est un élément important de l'accord de Paris", a déclaré Barbara Hendricks (SPD), ministre fédéral de l'Environnement. Un projet initial a déjà été accepté au Bourget : la Colombie a accepté de limiter progressivement la déforestation et de l'arrêter complètement d'ici 2020. Pour le carbone qui reste dans les arbres, le pays sud-américain recevra environ 5 dollars par tonne. D'après les estimations de l'ONU, la protection des forêts pourrait atteindre environ un tiers de la réduction globale nécessaire des émissions de gaz à effet de serre.

- L'Allemagne, la Norvège, la Suède et la Suisse, en collaboration avec la Banque mondiale, lancent une

---

113 http://www.zeit.de/thema/klimagipfel-2015, avec la photo.

nouvelle initiative baptisée " **La Facilité Transformative pour le Carbone Asset (TCAF)**", visant à soutenir **les pays en développement dans la lutte contre le changement climatique, avec 500 millions de dollars**. L'argent sera versé aux pays concernés pour soutenir la transition vers des sources d'énergie renouvelables par exemple, ou dans les domaines de l'efficacité énergétique et de la gestion des déchets. L'initiative a commencé en 2016, avec 250 millions de dollars fournis par les pays contributeurs, jusqu'à ce que son objectif initial de 500 millions de dollars soit atteint. Le dispositif restera ouvert à d'autres contributeurs.

- Le Canada, le Danemark, la Finlande, la France, l'Allemagne, l'Irlande, l'Italie, la Suède, la Suisse, le Royaume-Uni et les États-Unis accordent ensemble 250 millions de dollars au **Fonds des Pays les Moins Avancés (PMA)**, une initiative de soutien du Fonds pour l'Environnement Mondial (FEM) pour les pays en développement et particulièrement vulnérables qui subissent les conséquences du changement climatique. 320 projets d'adaptation provenant de 129 pays ont profité de cette aide depuis 2001. À ce jour, le FEM a versé un total de 1,3 milliard de dollars à partir de ses propres ressources et a pu mobiliser 7 milliards d'euros provenant d'autres sources.

- Le chef de l'État chinois Xi Jinping annonce la création d'un **fonds global de 20 milliards de dollars** pour soutenir **les pays en voie de développement**. Les technologies respectueuses du climat doivent être transférées à ces pays.

Les besoins de ces pays pour réduire la pauvreté et augmenter le niveau de vie de leur population doivent être pris en compte. L'objectif doit être une coopération avec un bénéfice mutuel, à laquelle chaque pays contribue ce qu'il peut.

- Le président américain Barack Obama et le président français François Hollande ont lancé la **Mission Innovation** avec le fondateur de Microsoft Bill Gates. Dans cette initiative, les pays se sont engagés à doubler leurs investissements dans le **développement de technologies propres** au cours des cinq prochaines années. L'Arabie saoudite, l'Inde, la Chine, l'Indonésie et le Brésil intègrent le groupe des pays participants. »[114]

Merkel et Obama veulent se concentrer sur des objectifs contraignants lors du sommet climatique.[115]

---

114 30.11.2015, h 16.23, source: ZEIT ONLINE, dpa, Reuters, AFP, sig.
115 Tagesschau h 17.00, 30.11.2015, Lorenz Beckhardt, ARD París.

« Les États-Unis veulent assumer leurs responsabilités lors du sommet du climat. Le président américain Barack Obama a affirmé que son pays admet la responsabilité commune du changement climatique. Par conséquent, les États-Unis ont fait beaucoup d'efforts au cours des dernières années pour développer les énergies renouvelables. Les émissions de CO_2 sont aujourd'hui à leur plus bas niveau depuis 20 ans. La chancelière fédérale Angela Merkel a appelé au sérieux à Paris. Les accords ainsi que l'examen ultérieur des objectifs fixés devraient être contraignants.

La Chine considère également les énergies renouvelables comme une piste importante à prendre. La Chine est le plus grand consommateur d'énergie au monde et produit la plus grosse part d'émissions de gaz à effet de serre. L'impact de la consommation d'énergie est actuellement prouvé sous la forme de smog sur la région de Pékin. Du point de vue de Xi Jinping, le sommet climatique devrait tenir compte des différents niveaux de développement des pays participants. Chaque pays devrait avoir l'opportunité de rechercher ses propres solutions au problème climatique. Il exhorte les pays industrialisés à prendre de bonnes mesures ... L'Allemagne, la Norvège, la Suède et la Suisse ont déjà lancé un projet très ambitieux avec la Banque mondiale. Ils veulent mettre 250 millions de dollars pour les pays en voie de développement. Avec cet argent, les combustibles fossiles qui nuisent au climat doivent être abandonnés et les contraintes juridiques aux énergies renouvelables doivent être réduites. »[116]

Dans l'hebdomadaire "DIE ZEIT" du 10 décembre 2015, à la première page, Claus Hecking décrit les raisons pour lesquelles le sommet climatique à Paris pourrait réussir: de nombreux sommets

---
116 Ibid

sur le Climat ont échoué dans leur démarche. Jusqu'à présent, les participants devaient se mettre d'accord sur la valeur cible des émissions globales de dioxyde de carbone et d'autres gaz à effet de serre et sur les transitions économiques à faire pour chaque état individuellement." Les négociations se sont souvent soldées en controverse. Les organisateurs de Paris ont inversé le processus - et ont dressé une sorte de panoplie pour le climat. Chaque état participant doit spécifier volontairement la quantité de CO2 à réduire et à laquelle il veut s'engager . Chaque gouvernement ne contribue que ce qui est bénéfique écologiquement et économiquement pour son pays. La collecte du climat s'assemble. 185 gouvernements ont soumis leurs contributions, dont certaines sont remarquables. Les grands pollueurs comme la Chine et les États-Unis, ainsi que des pays comme l'Éthiopie, ont annoncé le développement des énergies renouvelables à grande échelle. Derrière cela, un peu d'altruisme et beaucoup de calculs commerciaux. »[117] Le sommet climatique a pris plus de temps que prévu. Il ne s'est terminé que le 12/12/2015 à 19: 24.[118]

« L'Accord de protection climatique de Paris a été extrêmement favorable. »[119]

---

117 Hecking, Claus: Profit für die Welt. En: DIE ZEIT N° 50 del 10.12.2015, pág. 1.
118 Eckert, Werner: Klimaabkommen von Paris. Ein solides Fundament. http://www.tagesschau.de/ausland/klimavertrag-einigung-103.html#header
119 Ibid, avec la photo.

Le 12 décembre 2015 à 22h29, le rapport suivant a été diffusé sur l'émission de TV Tagesschau:

« C'est fait. Les participants à la Conférence mondiale sur le climat à Paris sont parvenus à un nouvel accord sur la protection du climat. Considéré comme historique, il a impliqué la quasi-totalité des pays du monde pour la première fois dans la lutte contre le réchauffement climatique, contrairement au Protocole de Kyoto de 1997.

À la Conférence des Nations Unies sur le changement climatique, près de 200 États ont conclu un accord sur la lutte contre le changement climatique. Sans opposition, le ministre français des Affaires étrangères Laurent Fabius, en tant que président de la conférence, a confirmé la décision. "Je regarde la salle, la réponse est positive, je n'entends pas d'objection", a-t-il dit, avant que l'accord ne soit scellé par un coup de marteau. Les délégués ont célébré l'accord avec une ovation durant des minutes d'applaudissements. "C'est notre succès, le succès de tous les États impliqués dans ce processus", a déclaré la présidence luxembourgeoise de l'UE. La chancelière allemande Angela Merkel a parlé d'un "signe d'espoir". La ministre allemande de l'environnement, Barbara Hendricks, a parlé à ARD d'un «moment historique», mais a déclaré que «Paris n'est pas la fin, mais plutôt le début d'un long voyage». Dans une interview accordée à des juristes, elle a prévenu que «nous devons faire encore mieux. »[120]

En outre, les thèmes de la journée ont donné les contextes suivants: « Avec l'accord qui a été adopté en soirée, après les dures négociations, le réchauffement climatique doit être limité à

---

[120] http://www.tagesschau.de/ausland/klimavertrag-einigung-101.html

moins de deux degrés en termes d'époque préindustrielle. L'accord devrait finalement amorcer une conversion complète de l'approvisionnement énergétique mondial et une renonciation au charbon et au pétrole afin de réduire les émissions de gaz à effet de serre dangereux. Étant donné que les objectifs nationaux d'émissions à ce jour sont insuffisants pour atteindre ces cibles là, ils doivent être revus tous les cinq ans à partir de 2023. Selon une autre décision supplémentaire adoptée, la première enquête informelle doit être menée en 2018. Au cours de la seconde moitié du Siècle, la neutralité des émissions de gaz à effet de serre devrait être atteinte. »[121]

La ministre fédérale de l'environnement, Barbara Hendricks, dans un entretien avec Thomas Roth, animateur de l'émission d'information Tagesthemen, sur la première chaîne allemande, le 12/12/2015 à 23h15.

Le 17/12/2015, l'hebdomadaire "DIE ZEIT" a publié l'article intitulé **"Jubelt nicht zu früh" (Ne criez pas victoire trop tôt)** par Claus Hecking à la page 25..[122]

---

121 Ibid, avec la photo.
122 Hecking, Claus: Jubelt nicht zu früh (ne criez pas victoire trop tôt). En: DIE ZEIT N° 51, 2015, p. 25.

Le sous-titre se lit : "Damit das Klimaabkommen von Paris wirken kann, müssen Öl und Kohle teurer werden" (Pour que les Accords de Paris sur le climat fonctionne, le pétrole et le charbon doivent être plus chers). »[123]

« On pourrait intuitivement présumer que l'âge des combustibles fossiles prendra fin également sur les marchés financiers. Pourtant, les activistes environnementaux ne célèbrent pas la baisse continue des prix du pétrole et du charbon pendant un certain nombre de mois. Au contraire : la baisse des prix lundi, informe le portail financier Brakingviews, "a fait l'éloge de l'accord climatique". Parce que rien n'est aussi dangereux pour le renversement énergétique mondial décidé à Paris que les prix bas du charbon et du pétrole. »[124]

Cependant, les principales banques et compagnies d'assurance ont décidé de ne pas continuer à investir dans les combustibles fossiles. « La banque d'investissement, Goldman Sachs, vient d'annoncer qu'elle investira un total de 150 milliards de dollars en technologies énergétiques à faibles émissions d'ici 2025. D'autres banques de Wall Street telles que Morgan Stanley et la banque néerlandaise Ing-Diba veulent fournir beaucoup moins, voire aucun crédit à l'industrie du charbon, apparemment, il n'y a plus de propre intérêt."Si vous investissez dans l'industrie des fossiles et que 195 pays disent qu'ils veulent se décarboniser, cela signifie des risques pour votre portefeuille" explique le directeur de l'IIGCC, Pfeifer. »[125]

Afin d'éviter que de nouvelles centrales au pétrole et au charbon

---

123 Ibid.
124 Ibid.
125 Ibid.

ne soient construites à nouveau en raison de la chute des prix de ces matières, il faut que les émissions de gaz à effet de serre, telles que le dioxyde de carbone, fassent augmenter les coûts pour l'État.

À Paris, l'introduction d'une taxe mondiale sur le dioxyde de carbone n'était pas un sujet abordable. « La résistance des exportateurs de carburant comme l'Arabie saoudite, la Russie et le Venezuela était encore trop forte, mais l'accord a mentionné la possibilité de tarifier. Et le président français François Hollande a déclaré qu'il pourrait imaginer qu'en 2020, les 20 principaux pays industriels et émergents (G 20) introduiraient des formules de tarification pour le CO_2. »[126]

À ce stade, je me souviens de l'ouvrage en trois volumes "**Das Prinzip Hoffnung**" (**Le principe espérance**) d'Ernst Bloch, publié en 1959 par Suhrkamp Verlag. En janvier 1978, au cours de mes études, j'ai lu pour mon propre intérêt et j'ai acquis cet ouvrage philosophique après les travaux de reconstruction à la fin de la Seconde Guerre mondiale qui ont permis aussi, à nous les réfugiés, de passer l'Abitur (Diplôme allemand de fin d'études secondaires) et de continuer le chemin des études.[127]

"Le principe espérance" a accompagné la réunification des nations européennes pour former l'Union Européenne et la communauté internationale pour former l'ONU. Ce principe devrait continuer à être appliqué et maintenu afin de maintenir la vie sur terre, celle qui vaut la peine d'être vécue. La mise en forme du futur en utilisant les idées de l'illumination est possible et, comme nous le

---

[126] Ibid.
[127] Bloch, Ernst: Das Prinzip Hoffnung. Frankfurt am Main 1959, 4ème Èdition 1977.

souhaitons pour nos enfants et petits-enfants, devrait être économiquement et écologiquement bénéfique pour la vie de la communauté mondiale.

Liste de références bibliographiques.

Beckhardt, Lorenz, ARD Paris, Tagesschau 17:00 Uhr, 30.11.2015

Bloch, Ernst: Das Prinzip Hoffnung. Frankfurt am Main 1959, 4. Aufl. 1977

BP, The British Petroleum Company Ltd.: BP statistical review of the world oil industry 1976. London 1977

Burchard, Hans-Joachim: Neue Maßstäbe für ein neues Recht. In: Imhoff/Silenius: Energie – politische Macht. 1976. S. 123 – 131

Der Fischer Weltalmanach 1987, Hg.: Hanswilhelm Haefs, Frankfurt am Main 1986

Der Fischer Weltalmanach 1997, Hg,: Dr. Mario von Baratta, Frankfurt am Main 1996

Der Fischer Weltalmanach 2004, Hg,: Dr. Mario von Baratta, Frankfurt am Main 2003

Der Fischer Weltalmanach 2007, Redaktion: Eva Berié und Heide Kobert (verantwortlich), Frankfurt am Main 2006

Der Fischer Weltalmanach 2010, Redaktion: Eva Berié (verantwortlich), Frankfurt am Main 2009

Der neue Fischer Weltalmanach 2012, Redaktion: Eva Berié (verantwortlich), Frankfurt am Main 2011

Der neue Fischer Weltalmanach 2013, Redaktion: Eva Berié (verantwortlich), Frankfurt am Main 2012

Der neue Fischer Weltalmanach 2014, Redaktion: Eva Berié (verantwortlich), Frankfurt am Main 2013

Der neue Fischer Weltalmanach 2015, Redaktion: Eva Berié (verantwortlich), Frankfurt am Main 2014

Der neue Fischer Weltalmanach 2016, Redaktion: Christin Löchel (verantwortlich), Frankfurt am Main 2015

DESERTEC: http://www.desertec.org/de/organisation/

Deutschlandfunk: http://www.deutschlandfunk.de/

DIE ZEIT: Das Lexikon in 20 Bänden, Hamburg 2005

DIE ZEIT: http://www.zeit.de/thema/klimagipfel-2015

Evers, Ingo: Nach dem Ölschock: Weltwirtschaft im Umbruch. In: Imhoff/Silenius: Energie – politische Macht. 1976. S. 97 – 122

Fernau, Friedrich Wilhelm: Perspektiven der Erdölversorgung. In: Imhoff/Silenius: Energie – politische Macht. 1976. S. 83 – 96

Fischermann, Thomas: Es läuft wie schlecht geschmiert. In: DIE ZEIT, Hamburg, No 2 2015 S. 25

GDCh (Hg.) Frankfurt/Main 2015. In: Spektrum der Wissenschaft, Oktober 2015, nach S. 86

Harris, Mark: Wellen als arktische Eisbrecher. In: Spektrum der Wissenschaft, Oktober 2015, S. 72 ff

Hecking, Claus: Gemeinsam schnell die Welt retten, in: DIE ZEIT Nr. 32 2015, Hamburg 6.8.2015, S. 23

Hecking, Claus: Jubelt nicht zu früh. In: DIE ZEIT Nr. 51 2015, Hamburg 17.12.2015, S. 25

Hecking, Claus: Profit für die Welt. In: DIE ZEIT Nr. 50 vom 10.12.2015, S. 1

Hecking, Claus: Wir lassen sie nicht untergehen. In: DIE ZEIT Nr. 39 vom 24. 09.2015, S. 26

IRENA:
https://de.wikipedia.org/wiki/Internationale_Organisation_für_erneuerbare_Energien

Krüger, Ralf E., Schultze, Christine: Offshore-Branche schöpft wieder Hoffnung, in Rhein-Neckar-Zeitung / Nr. 181 vom 8./9. August 2015, S. 22

Lexikon der Physik, 2000. Spektrum Akademischer Verlag GmbH Heidelberg, Band 5 S. 348f, Band 4 S. 294f, Band 2 S. 97

Lieser, Peter: Zur Genesis der Energiekrise. Der vierte Nahostkrieg, Erdölpolitik und internationale Beziehungen. In: Orient 1975, Nr. 2 (Juni), S. 21 – 56

Luther, Carsten: Elmau-Gipfel Die G7 allein können es nicht richten, in: http://www.zeit.de/politik/deutschland/2015-06/g7-ergebnisse-kommentar

Masdar: http://masdar.ae/ und https://de.wikipedia.org/wiki/Masdar

Meadows, D. u. a.: Die Grenzen des Wachstums, 1972

Münch, Erwin (Hrsg.): Tatsachen über Kernenergie. Essen 1980. Quellenangabe [5]: Plasma Physics and Controlled Nuclear Fusion Research, Vols. I und II, IAEA-Wien 1979, insbesondere Eubank, H. Et al., PLT Neutral beam heating results, S. 167

Oktoberkrieg und Truppenentflechtung. Siebte Folge aus: Die Memoiren des Anwar el-Sadat. In: Der Spiegel. Hamburg, 08.05.1978, Nr. 32, 19, S. 201 – 221

Plöger, Sven: GUTE AUSSICHTEN FÜR MORGEN, Frankfurt/Main und München, 2. Auflage 2010

Scherer, Katja: Rein ins Rohr, in: DIE ZEIT Nr. 18, Hamburg 2015, S. 31

Springer, Michael: Wird Fracking den Energiehunger stillen? In: Spektrum der Wissenschaft 8/2014 S. 20

Tagesschau:
http://www.tagesschau.de/ausland/klima-gipfel-auftakt-103.html

http://www.tagesschau.de/ausland/klimavertrag-einigung-101.html

US-Außenministerium u. a.: The Global 2000 Report to the President, Washington 1980, Herausgabe der deutschen Übersetzung: Reinhard Kaiser, bei Zweitausendeins, Frankfurt am Main 1980

Winnacker, Karl/Wirtz, Karl: Das unverstandene Wunder, Kernenergie in Deutschland, Düsseldorf – Wien 1975

ZEIT ONLINE, dpa, Reuters, AFP, sig, 30.11.2015, 16:23 Uhr

www.ingramcontent.com/pod-product-compliance
Lightning Source LLC
Chambersburg PA
CBHW050111230526
45470CB00004B/1773